新世纪普通高等教育
土木工程类课程规划教材

土力学

（第二版）

总主编 李宏男
主　编 赵俭斌 徐　岩
参　编 孟庆娟 乔京生
祝　磊 李　伟
胡　娜
主　审 李广信

Soil Mechanics

大连理工大学出版社

图书在版编目(CIP)数据

土力学 / 赵俭斌，徐岩主编. -- 2 版. -- 大连 ：大连理工大学出版社，2021.2
新世纪普通高等教育土木工程类课程规划教材
ISBN 978-7-5685-2949-5

Ⅰ. ①土… Ⅱ. ①赵… ②徐… Ⅲ. ①土力学－高等学校－教材 Ⅳ. ①TU43

中国版本图书馆 CIP 数据核字(2021)第 021989 号

土力学
TULIXUE

大连理工大学出版社出版

地址:大连市软件园路 80 号　邮政编码:116023
发行:0411-84708842　邮购:0411-84708943　传真:0411-84701466
E-mail:dutp@dutp.cn　URL:http://dutp.dlut.edu.cn

大连日升彩色印刷有限公司印刷　　大连理工大学出版社发行

幅面尺寸:185mm×260mm　印张:9.75　字数:225 千字
2016 年 2 月第 1 版　2021 年 2 月第 2 版
2021 年 2 月第 1 次印刷

责任编辑:王晓历　责任校对:王瑞亮
封面设计:对岸书影

ISBN 978-7-5685-2949-5　定　价:30.80 元

苏振超 厦门大学
李　哲 西安理工大学
李伙穆 闽南理工学院
李素贞 同济大学
李晓克 华北水利水电大学
李帼昌 沈阳建筑大学
何芝仙 安徽工程大学
张　鑫 山东建筑大学
张玉敏 济南大学
张金生 哈尔滨工业大学
陈长冰 合肥学院
陈善群 安徽工程大学
苗吉军 青岛理工大学
周广春 哈尔滨工业大学
周东明 青岛理工大学
赵少飞 华北科技学院
赵亚丁 哈尔滨工业大学
赵俭斌 沈阳建筑大学
郝冬雪 东北电力大学
胡晓军 合肥学院
秦　力 东北电力大学
贾开武 唐山学院
钱　江 同济大学
郭　莹 大连理工大学
唐克东 华北水利水电大学
黄丽华 大连理工大学
康洪震 唐山学院
彭小云 天津武警后勤学院
董仕君 河北建筑工程学院
蒋欢军 同济大学
蒋济同 中国海洋大学

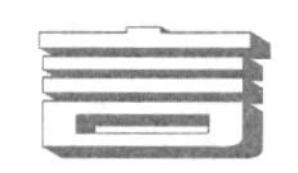

前　　言

《土力学》(第二版)是新世纪普通高等教育教材编审委员会组编的土木工程类课程规划教材之一。

土力学是我国高校土木工程专业必修的一门专业基础课。本教材以土木工程专业指导委员会颁发的专业培养目标和课程教学大纲为依据,并充分考虑土木工程"应用型"人才培养的特点,制定编写大纲。编写时,充分调查和收集近年土木工程专业本科教学对课程内容和教材的需求,并兼顾考虑建筑工程、道路与桥梁工程、城市空间与地下工程等专业的需求。在编写的过程中,编者考虑培养应用型人才的特点,综合各高校的教学学时,注重内容的科学性和实用性,在保证系统性的基础上,力图做到重点突出、叙述简练。

本教材共9章,包括:绪论;土的物理性质和工程分类;土体中的应力计算;土的压缩性和地基沉降计算;土体的渗透性及饱和土的渗流固结理论;土的抗剪强度;挡土结构上的土压力;土坡稳定分析;地基承载力。

通过本教材的学习,读者应了解土力学的发展概况、学科特点和与土有关的工程问题,了解土的成因和分类方法,熟悉土的基本物理力学性质,重点掌握土体中的应力、土的压缩性和地基沉降、渗流、土的抗剪强度、地基承载力、土压力及土坡稳定等基本理论和计算方法。掌握一般土工试验方法,能够运用土力学的基本原理和方法分析岩土工程中的应力分析、变形计算、渗流、抗剪强度和稳定性分析等问题。

本教材随文提供视频微课供学生即时扫描二维码进行观看,实现了教材的数字化、信息化、立体化,增强了学生学习的自主性与自由性,将课堂教学与课下学习紧密结合,力图为广大读者提供更为全面并且多样化的教材配套服务。

本教材可作为土木工程、建筑工程、道路与桥梁工程、城市空间与地下工程等专业教材，建议学时为40～48学时；安全工程、工程管理等相关专业可根据教学学时和大纲要求，有选择地讲授，建议学时为28～32学时。

本教材由沈阳建筑大学赵俭斌、徐岩任主编；唐山学院孟庆娟、乔京生，合肥学院祝磊，沈阳建筑大学李伟，安徽新华学院胡娜参与了编写。全书由徐岩统稿并定稿。具体编写分工如下：赵俭斌编写了绪论；徐岩编写了第1章和第5章；乔京生编写了第2章；孟庆娟编写了第3章和第4章；祝磊编写了第6章；李伟编写了第7章；胡娜编写了第8章。清华大学李广信教授审阅了书稿并提出了宝贵意见，在此谨致谢忱。

在编写本教材的过程中，编者参考、引用和改编了国内外出版物中的相关资料以及网络资源，在此表示深深的谢意！相关著作权人看到本教材后，请与出版社联系，出版社将按照相关法律的规定支付稿酬。

限于水平，书中也许仍有疏漏和不妥之处，敬请专家和读者批评指正，以使教材日臻完善。

编　者
2021年2月

所有意见和建议请发往：dutpbk@163.com

欢迎访问高教数字化服务平台：http://hep.dutpbook.com

联系电话：0411-84708445　84708462

目　录

第0章 绪论

带你走进土力学

0.1 土力学的重要性及其发展概况

土，地之吐生物者也。二象地之下，地之中，土物出形也。土构成了广阔的大地空间，是人类工程经济活动的主要地质环境。建筑物与构筑物地基，地铁、隧道、人防等地下工程都离不开土环境，因此，土是人类生产生活必不可少的要素之一。

土是由岩石经过风吹日晒、冰霜雨雪等一系列物理和化学作用再经大自然各种力量不断搬运和沉积后形成的尚未固结成岩的松、软堆积物。岩石风化后残留于原处的叫作残积土，经流水、风和冰川搬运后形成风积土、冲积土、坡积土、洪积土、冰积土等。土具有许多区别于岩石的特征，土通常是由土颗粒、水和空气组成的三相混合体，与其他材料相比，它不是一种连续的介质，其颗粒间的联结强度比颗粒本身的强度小得多，因而它的力学特性与一般理想刚体和连续固体区别较大，例如，压缩性大、透水性强、强度低等特点。所以研究这种特殊材料的强度特性的学科“土力学”应运而生。

由于我国幅员辽阔，自然地理环境差异大，土壤类型与分布情况亦多种多样。针对某些具有特殊性质的土类，如湿陷性黄土、膨胀土、多年冻土及人工合成土等，土力学又形成了若干的分支门类，所以在学习土力学的过程中，将定量计算作为工程设计的依据，而解决岩土工程中实际遇到的问题则采用定性分析的方法，二者同等重要，不可偏废。

土力学是劳动人民长期生产实践的产物，中国古代的人们就已经将土力学知识运用到工程建设中去，如早在东汉时期的郑玄《考工记》中就记载了作用荷载与变形之间的弹性关系，再如穿越各种复杂地质条件历经千百年风雨屹立不倒的万里长城，隋朝时期超化寺的木桩深基础，河北赵州石拱桥的密实粗砂地基处理，一千多年来沉降量极小且非常接近现行规范确定的地基承载力数值，可见古时人类就已经积累了相当多的土力学基础知识，只是未形成系统的理论体系，直到 18 世纪，基本上还处于感性认识阶段。

土力学的发端，始于 18 世纪欧洲的工业革命，随着资本主义工业发展规模的不断扩大,铁路建设出现了一系列路基问题,故最初的土力学是为了解决铁路基础问题而产生的。1773 年,法国的库仑(C. A. Coulomb)创立了著名的砂土抗剪强度理论,并于 1776 年又提出了挡土墙土压力的滑楔理论。1856 年,法国的达西(Darcy)研究土的渗透性建立了达西渗透定律。1857 年,英国的朗肯(W. J. M. Rankine)从不同的角度提出了土压力理论,对后来的土体强度理论发展起到了很大的促进作用。1867 年,捷克的文克勒(E. Winkler)提出文克勒地基模型,对地基沉降计算起到了至关重要的推动作用。1885 年,法国的布辛奈斯克(J. Boussinesq)对弹性半空间在竖向集中力作用下的数学解做出了完整解答,作为地基变形计算的基本工具。1922 年,瑞典的费伦纽斯(W. Felenius)基于极限平衡理论创立了土坡稳定分析方法。这些古典方法和理论,至今仍应用广泛且不乏实用价值。

1925 年,太沙基(K. Terzaghi)发表了世界上第一本《土力学》,提出了著名的有效应力原理和渗透固结理论,使土力学成为一门独立的学科并开始快速发展,因此,太沙基被公认为是土力学的奠基人。在此基础之上,比奥特、毕肖普、斯开普敦、崔托维奇等人将有效应力原理推广应用于土体变形、稳定及强度研究,将松散介质静力学和蠕变学引入解决土体稳定和次固结问题。近年来,随着计算机技术的发展和普及,土力学中原本的弹性、刚性体模型发展为较复杂的弹塑性、黏弹性本构模型,并对这些模型进行计算机模拟和广泛而深入的探讨,土力学不单纯是一个理论问题,考虑到土的非均匀性和数据的离散型,应用数理统计的方法和土工试验是非常有必要的,随着试验方法和手段的不断提高,各种试验设备,如三轴压缩仪、动三轴仪、真三轴仪、静动力触探设备、旁压仪等都向着更精密更高端的方向发展。

我国学者对土力学的理论的发展也做出了突出贡献,20 世纪 50 年代初期,陈宗基提出的黏性土的流变模式及次固结理论引起国内外学者的广泛关注和重视;黄文熙教授对应力在非均质地基中的分布状态和在土体沉降计算中考虑侧向变形问题进行了深入分析,并探讨了饱和砂土地基的液化处理问题,自主研发了第一台振动三轴仪。在我国由中国土木工程学会、中国建筑工程学会、中国水利水电工程学会联合主办的《岩土工程学报》成为广大学者交流工程实践经验与科研学术成果的平台,在国内外有着良好的美誉度和影响力,并每四年举办一次全国性的土力学及基础工程学术年会。电子计算机和有限单元法的结合使一些应力应变非线性关系的本构理论能够用来解决一些复杂的土质、荷载情况和边界条件问题。振动理论与振动测试技术与土力学的结合形成了土动力学,它研究在像地震这种动荷作用下土的动力特性变化和砂土振动液化等问题,土力学必将随着工程建设难度的增加而日趋复杂化,土力学也必将与动力学、土壤学、环境化学等相结合,这是土力学今后一段时期的发展方向。

0.2 土力学的学科特点

土力学牵涉的理论知识范围广泛,涉及学科领域包括:工程地质学、理论力学、材料力学、弹性力学等,综合性较强。在学习土力学过程中,不仅要运用解决连续体介质中的基本力学理论,还要结合工程情况具体问题具体分析。

土体不同于一般的弹性连续体，它是由固、液、气组成的三相体，具有一系列复杂的物理力学性质，受组成成分的制约，土体更容易受到温度、湿度等环境因素的影响。

目前的土力学理论还不够完整，难以全面表现天然土体的力学状态，在学习土力学理论知识的基础上还应该结合试验与测试技术、数理统计检测方法等根据以往的工程经验进行分析，切不可形而上学、刻板借鉴。从另一个角度讲，只有尊重客观规律才能不断补充、完善知识体系，将土力学向前推进发展。

由于我国幅员辽阔、土质情况分布复杂，变异性随机性较大，可能在很小的范围内甚至在同一地点的不同土层深度，土质的分布情况都有很大差别。所以，岩土工程勘察方法，现场原位测试技术，室内土工试验原理是土力学学习中的重点，只有这样才能更好地服务于生产实践，做好计算和设计。学生应根据本课程的特点，熟练掌握土的物理特性、应力应变及地基计算等理论知识与计算方法，培养运用土力学知识并结合施工经验解决工程实际问题的能力。

0.3 与土有关的工程问题

0.3.1 变形问题

图 0-1 为意大利著名的比萨斜塔，此塔于 1173 年由著名建筑师那诺 · 皮萨诺开始主持修建。比萨斜塔位于罗马式大教堂后面右侧，是比萨城的标志。开始时，塔高设计为 100 m 左右，但动工五六年后，塔身从三层开始倾斜工程暂停。后又经几次停工、复工，于 1370 年竣工，全塔共八层，高度为 55 m。直到完工还在持续倾斜。目前，塔顶已南倾（塔顶偏离垂直线）达 5.27 m，倾斜 5.5°，南北两端沉降差 1.80 m。比萨斜塔停工过程中与建成后曾使用多种基础不均匀沉降处理方法，如在塔基四周进行环状开挖卸载，在南侧进行灌浆加固，用压重法和取土法进行地基处理等。目前，比萨斜塔已向游人开放。

图 0-1 比萨斜塔

虎丘塔是驰名中外的汉族古塔建筑，位于苏州市虎丘公园山顶（图 0-2），落成于北宋建隆二年（961 年）。全塔共七层，高 47.5 m，塔的平面呈八角形。由于塔基坐落于不均匀粉质黏土层上并且土层厚薄不均，塔墩基础设计构造不完善等原因，从明代起，虎丘塔发生不均匀沉降开始向西北方向倾斜。经测量，塔尖倾斜 2.34 m，塔身最大倾斜度为 3°59′，底层塔身发生不少裂缝，虎丘塔也被称为“中国的比萨斜塔”。塔基处理方法为在基础的四周建造一圈桩排式地下连续墙，同时，在塔周围与塔基进行钻孔注浆和打设树根桩加固塔身，效果明显。

图 0-2 虎丘塔

墨西哥首都墨西哥城是西半球最古老的城市之一，然而这座城市正在以每年最高 44 cm 的速度下沉，在过去的 100 年间城市下沉了将近 9 m。于 1934 年建成的墨西哥城艺术宫（图 0-3）坐落于墨西哥城的旧城和新市区的分界线上，地基土为厚达 25 m 的软弱土层，墨西哥城艺术宫沉降量达到 4 m 并伴有局部的不均匀沉降，与邻近公路的高差达 2 m，参观者需要步下 9 级台阶，才能进入艺术宫参观游览。这三个例子是土力学变形问题的典型实例。

图 0-3 墨西哥城艺术宫

0.3.2 强度问题

位于加拿大的特朗斯康谷仓(图 0-4)长 59.4 m,宽 23.5 m,高 31.0 m,共 65 个圆筒仓。采用钢混筏板基础形式,基础厚 61 cm,埋深 3.66 m。该谷仓 1913 年建成完工。于建成当年 9 月首次装谷物,当 10 月 17 日谷物装载量超过 30 000 t 时,谷仓 1 小时竖向沉降量达到 30.5 cm,24 小时后谷仓的西端下沉 7.32 m 东端上抬 1.52 m,整体倾斜 26°53′,由于谷仓的整体刚度较大,所以上部钢混筒仓完好无损。

后经勘察试验与计算,查明谷仓基础底面单位面积压力超过地基中软黏土层的极限承载力,因此造成地基产生整体破坏并引发谷仓严重倾斜。地基处理方法是在谷仓基础之下做了七十多个支承于下部基岩上的混凝土墩,使用了 388 个 50 t 千斤顶以及支撑系统才把谷仓逐渐扶正,但其位置比原来降低了近 4.0 m。

图 0-4 加拿大特朗斯康谷仓

松砂地基在振动荷载作用下丧失强度变成流动状态的现象称为砂土液化现象。1995 年发生在日本的阪神大地震引起了大面积砂土地基液化。这使得建筑物地基强度承载力下降产生很大的侧向变形和沉降(图 0-5),大量的建筑物倒塌或遭到严重损伤。这两个实例是典型的强度破坏问题。

图 0-5 阪神地震建筑物破坏

0.3.3 渗透问题

Teton 坝位于美国爱达荷州斯内克河支流 Teton 河上。挡水坝型为碾压式黏土心墙坝,水库总库容 3.6 亿立方米。工程于 1971 年开工,1975 年 10 月大坝建成并开始蓄水。1976 年 6 月 5 日发生溃坝失事。

右岸坝基键槽处心墙因内部管涌而破坏。具体破坏模式为水流由截水槽上游张开节理渗入后与粉土接触而流入下游张开节理，且槽内填土容易发生水力劈裂，又由于分散性粉土容易受水的冲蚀作用而发生崩解现象使湿化的填土塌入张开节理，进一步加剧槽底附近填土的渗流，形成冲蚀孔洞。通过这种方式渗入下游斜节理中的水，一部分通过十分破碎的流纹岩和山麓堆积流进坝体下游部位底面节理发育的岩石，在坝址处出现漏水，逐渐使截水槽填土冲成大洞穴，导致大坝完全溃决。Teton 坝出现溃坝事故的主要原因为坝体截水槽侧面与底部的岩隙节理的封闭防水效果不佳，设计时对 Teton 坝不透水心墙土料的内部冲蚀破坏没有充分的重视，坝体两侧开挖的岩坡过陡底面过窄，引起水力劈裂。

在渗流作用下，无黏性土体中的细小颗粒，通过土的孔隙，发生移动或被水流带出的现象称为管涌。图 0-6 为九江大堤发生管涌破坏示意图。1998 年 8 月 7 日 13 点九江大堤发生管涌险情，20 min 后，在堤外迎水面找到两处进水口。又过 20 min，防水墙后的土堤突然塌陷出一个洞，5 m 宽的堤顶随即全部塌陷，并很快形成宽约 62 m 的溃口。以上两个事件为土力学渗透问题的典型实例。

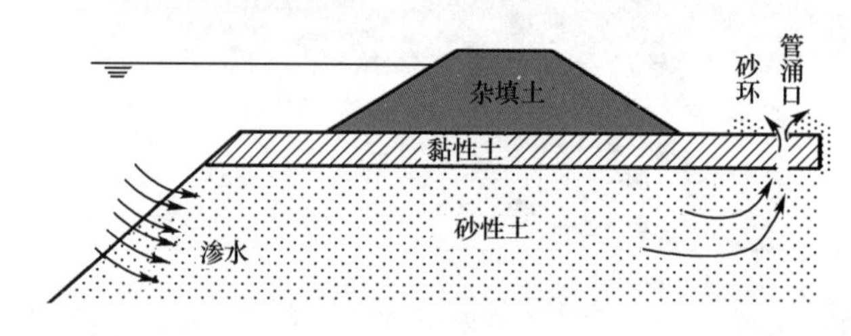

图 0-6 九江大堤管涌破坏

0.4 土力学学习的重点内容、基本要求和学习方法

0.4.1 学习的重点内容

学习土力学首先要了解学习这门课程的目的和意义，在此基础上应明确土的基本物理性质和工程分类方法。掌握达西定律、渗透系数的概念，掌握饱和孔隙水压力原理和有效应力原理并且能够进行土中自重应力、基底压力、基底附加应力和地基中附加应力的简单计算。

其次，熟练掌握土的压缩性指标和固结理论，熟练掌握两种地基沉降的计算方法以及地基沉降量的影响因素。土的抗剪强度理论与土体极限平衡原理也是学习的重点之一。

最后，应了解土压力的影响因素，主动土压力、被动土压力、静止土压力的含义，了解挡土墙设计方法、要点。掌握地基临界荷载、临塑荷载、极限荷载的计算方法，了解边坡稳定性的影响因素、分析方法和计算方法。

0.4.2 学习的基本要求

土是自然历史的产物，其性质往往由于形成原因与组成结构的不同而十分复杂。在运用土力学原理解决实际工程问题时，必须既要考虑土的生成环境和历史过程，又要考虑工程本身的技术要求和特点，将土的微观结构和宏观边界条件及自然因素的影响结合起来，运用辩证唯物主义的思想从实际出发，并依靠充分准确的水文地质勘测资料、符合实际的现场测试手段和科学的试验方法，估计因施工扰动可能引起的土层性质的改变，有利于能动地适应其变化规律，建立发展理论体系，进行全面分析研究，反对脱离实际形而上学的观点和研究方法。

学习时应该掌握少而精的原则，抓住重点，搞清基本概念和计算原理，并结合工程实际加强联系，达到举一反三的学习效果。同时，应该对土力学的前沿问题和发展现状有充分了解，以便于开阔视野指明研究方向，拓宽进一步分析解决问题的思路。

0.4.3 学习方法

由于土的综合性，在学习土力学过程中应该紧密地结合工程力学、工程地质学、岩土工程、现场原位测试、室内土工试验等学科或领域来共同地解决问题，土力学是一门偏于计算的理论课程，因而数学、力学是建立土力学理论和方法的重要手段，因此需要学生有扎实的基本功，除对公式的来源、含义了解之外，应重点搞清其物理概念、假设条件和适用情况。随着电子测试技术和计算机技术的飞速发展，土力学与电子计算机技术的结合将是未来一段时期的发展重点。

第1章 土的物理性质和工程分类

何为“土”及其特点

土是岩石经风化、搬运、沉积所形成的产物，各种大小不同的土粒构成土的骨架，土粒之间的孔隙中包含着水和气体，因此土是一种三相集合体。

土的物理性质是土的最基本的性质。土的物理性质由三相物质的性质、相对含量以及土的结构等因素决定。随着土的组成的不同和三项比例指标的不同，土表现出不同的物理性质，比如土的干湿、轻重、松密和软硬等。土的这些物理性质某种程度上又确定了土的工程性质。进行土力学计算及处理地基基础问题时，不仅要了解土的物理性质特征及其变化规律，了解各类土的特性，还必须熟练掌握反映土三相组成比例和状态的各指标的定义、指标间的换算关系和测定方法，掌握地基土的工程分类，初步判定土体的工程性质。

1.1 土的形成

地球表面的整体岩石，在大气中经受长期的风化、剥蚀后形成形状不同、大小不一的颗粒，这些颗粒在不同的自然环境下进行堆积，或经搬运和沉积而形成沉积物。

1.1.1 土的风化

岩石和土在不同的风化作用下形成不同性质的土。风化作用主要有物理风化、化学风化和生物风化。

(1)物理风化

长期暴露在大气中的岩石由于受到温度、湿度等各种气候因素的影响，产生不均匀膨胀和收缩，逐渐崩解、破裂，或者在运动过程中因为碰撞和摩擦而破碎，形成大小和形状各异的碎块，这个过程称为物理风化。物理风化的过程仅使岩石发生机械破碎，其化学成分没有发生变化。物理风化产物的矿物成分与母岩相同，称为原生矿物，如石英、长石和云母等。

(2)化学风化

母岩表面破碎的颗粒受环境因素的作用而产生一系列的化学变化，改变了原来矿物的化学成分，形成新的矿物——次生矿物。化学风化形成的细粒土之间具有黏结能力，该产物为黏土矿物，如蒙脱石、伊利石和高岭石，称为黏性土。化学风化主要有氧化、水化、水解、溶解和碳酸化等作用。

（3）生物风化

由植物、动物和人类活动对岩体的破坏称为生物风化。

1.1.2 土的沉积

按土体的沉积条件，可将土分为残积土、坡积土、洪积土、冲积土等。下面简要介绍各类土体的性质成分和工程地质特征。

（1）残积土

残积土是由基岩风化而成，未经搬运留于原地的土体。残积土与基岩之间没有明显的界线，一般分布规律为：上部为残积土、中部为风化带、下部为新鲜岩石。

残积土的特征：

①无明显的层理结构；

②颗粒表面粗糙，多棱角；

③粗细不均；

④土质疏松，具有较大孔隙，土中一般无地下水；

⑤土的物理性质相差较大，作为建筑物地基容易引起不均匀沉降。

（2）坡积土

坡积土是指由于雨、雪、水流的地质作用将高处岩石的风化产物缓慢地冲刷、剥蚀或由于重力的作用，顺着斜坡向下逐渐移动，最终沉积在较平缓的山坡上而形成的沉积物。其工程性质及特征如下：

①岩性成分多种多样；

②一般见不到层理；

③组成坡积土的颗粒粗细混杂，土质不均匀；

④地下水一般属于潜水，有时形成上层滞水；

⑤坡积土体的厚度变化大，由几厘米至一二十米，在斜坡较陡处薄，在坡脚地段厚。一般当斜坡的坡角越陡时，坡脚坡积物的范围越大；

⑥土质疏松，压缩性较大。

（3）洪积土

由暴雨或大量融雪骤然集聚而成的暂时性山洪急流，具有很大的剥蚀和搬运能力。它冲刷地表，将大量的基岩风化产物或基岩剥蚀、搬运、堆积于山谷冲沟出口或山前倾斜平原而形成洪积土。其特征如下：

①具有分选性：距山口越近颗粒越粗，多为块石、碎石、砾石和粗砂，分选差，磨圆度低、强度高，压缩性小；但孔隙大，透水性强；距山口越远颗粒越细，分选好，磨圆度高，强度低，压缩性高；

②具有比较明显的层理（交替层理、夹层、透镜体等）；

③土体中地下水一般属于潜水。

(4)冲积土

河流两岸的基岩及其上部覆盖的松散物质,被河流流水剥蚀后,经搬运、沉积于河道坡度较平缓的地带而形成的沉积物,称为冲积土。其特征如下:

①具有明显的层理结构;

②经过长距离的搬运过程,颗粒磨圆度好;

③从上游到下游具有明显的由粗到细的分选性。

此外,还有海洋沉积物、湖泊沉积物、冰川沉积物、海陆交互相沉积物和风积物等,它们分别是由海洋、湖泊、冰川以及风化的地质作用而形成。

1.2 土的三相组成

土是由固体、液体和气体三部分组成。固体部分为土粒,由矿物颗粒或有机质组成,构成土的骨架。骨架间有许多孔隙,可为水和气所填充。

土中孔隙完全被水充满,称为饱和土;土中孔隙一部分被水占据,另一部分被空气占据,称为非饱和土;土中孔隙完全充满气体,称为干土。这三个组成部分本身的性质以及它们之间的比例关系和相互作用决定土的物理性质。

1.2.1 固体颗粒

(1)土粒的矿物成分

土粒的矿物成分可分为原生矿物和次生矿物。

原生矿物成分与母岩相同,性质稳定,表现为无黏性、透水性较大、压缩性较低,常见的如石英、长石和云母等。工程中粗颗粒的砾石、砂等均由原生矿物构成。

次生矿物主要是黏土矿物,成分与母岩完全不同,其性质较不稳定,具有较强的亲水性,遇水易膨胀,压缩性较高。常见的黏土矿物有蒙脱石、伊利石、高岭石。主要黏土矿物的物理性质见表1-1。

表1-1 主要黏土矿物的物理性质

黏土矿物	形状	直径/μm	厚度/nm	比表面积/($m^2 \cdot g^{-1}$)	液限 w_L/%	塑性指数 I_p
蒙脱石	薄片状	0.1~1	3	800	150~700	100~650
伊利石	板状	0.1~2	20~30	80	100~120	50~65
高岭石	六角形板状	0.3~4	50~2 000	15	50	20

(2)土粒的粒组划分

天然土由无数大小不同的土粒组成,土粒的大小称为粒度。工程上将各种不同的土粒按粒径范围的大小分组,即某一级粒径的变化范围,称为粒组。表1-2为常用的土粒粒组的划分方法。

表1-2 土粒粒组的划分

粒组统称	粒组名称	粒径范围/mm	一般特征
巨粒	漂石或块石颗粒	>200	透水性很大,无黏性,无毛细水
	卵石或碎石颗粒	200~60	

（续表）

粒组统称	粒组名称		粒径范围/mm	一般特征
粗粒	圆砾或角砾颗粒	粗	60～20	透水性大，无黏性，毛细水上升高度不超过粒径大小
		中	20～5	
		细	5～2	
	砂粒	粗	2～0.5	易透水，当混入云母等杂质时透水性减小，而压缩性增加；无黏性，遇水不膨胀，干燥时松散；毛细水上升高度不大，随粒径变小而增大
		中	0.5～0.25	
		细	0.25～0.075	
细粒	粉粒		0.075～0.005	透水性小，湿时稍有黏性，遇水膨胀小，干时稍有收缩；毛细水上升高度较大较快，极易出现冻胀现象
	黏粒		<0.005	透水性很小，湿时有黏性、可塑性，遇水膨胀大，干时收缩显著；毛细水上升高度大，但速度较慢

（3）颗粒级配

自然状态下的天然土，往往是由多个粒组颗粒构成，因此，工程中不仅要了解土颗粒的大小，而且要了解各种粒径颗粒所占的比例。工程中用各粒组的相对含量占总质量的百分数来表示土颗粒组成，称为土的颗粒级配。

常用的颗粒级配表示方法有表格法、累计曲线法和三角坐标法。本书仅介绍应用最广的累计曲线法。

累计曲线法采用半对数坐标绘制，横坐标表示某一粒径的常用对数，纵坐标表示小于某一粒径的土粒质量的累计百分含量。根据颗粒分析试验结果，绘制颗粒级配累计曲线，如图 1-1 所示。

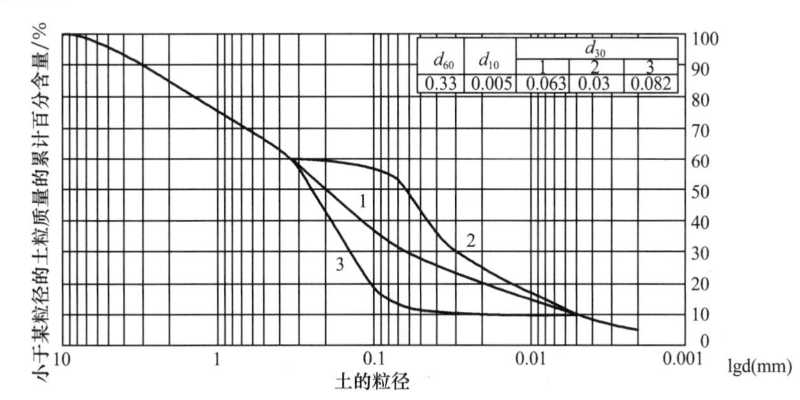

图 1-1 颗粒级配累计曲线

根据颗粒级配累计曲线的形状，可以大致判断土样所含颗粒的均匀程度。如果曲线平缓，表示粒径相差悬殊，颗粒不均匀，级配良好；反之，则颗粒均匀，级配不良。为了定量说明问题，工程中常用不均匀系数 C_u 和曲率系数 C_c 来反映土颗粒级配的不均匀程度。二者的计算公式如下：

不均匀系数为

$$C_u = \frac{d_{60}}{d_{10}} \tag{1-1}$$

曲率系数为

$$C_c = \frac{d_{30}^2}{d_{60} \cdot d_{10}} \tag{1-2}$$

式中 d_{60}——小于某粒径的土粒质量占土总质量60％的粒径，称为限定粒径，mm；

d_{30}——小于某粒径的土粒质量占土总质量30％的粒径，称为中值粒径，mm；

d_{10}——小于某粒径的土粒质量占土总质量10％的粒径，称为有效粒径，mm；

不均匀系数C_u反映了大小不同粒组的分布情况，C_u越大，表示土越不均匀，即粗颗粒和细颗粒的大小相差越悬殊。$C_u>5$的土称为不均匀土，反之称为均匀土。

曲率系数C_c描述了颗粒级配累计曲线分布的整体形态，反映了曲线的斜率是否连续，即表示是否有某粒组缺失的情况。如果颗粒级配累计曲线斜率不连续，在该曲线上的某一位置出现水平段。如图1-1中曲线2和曲线3所示，显然水平段范围所包含的粒组含量为零。

对比图1-1中三条曲线的曲率系数可知，当土中缺少的中值粒径大于连续级配累计曲线的d_{30}时，曲率系数变小；而当缺少的中值粒径小于连续级配累计曲线的d_{30}时，曲率系数变大。

工程上对土的级配是否良好按如下规定判断：

①对于级配良好的土，$C_u>5$，级配良好；反之，级配不良；

②对于级配不连续的土，颗粒级配累计曲线呈台阶状，采用单一指标C_u难以全面有效地判断土的级配好坏，即需要同时满足$C_u>5$和$C_c=1\sim3$两个条件，为级配良好；反之为级配不良。

(4)土的颗粒分析试验

土的颗粒粒径及其级配是通过土的颗粒分析试验测定的。常用的方法有两种：对粒径大于0.075 mm的土粒，采用筛分法；对粒径小于0.075 mm的土粒，则采用沉降分析法。

①筛分法

筛分法用一套不同孔径的标准筛(图1-2)，将风干、分散的具有代表性的试样，放入一套从上到下、孔径由粗到细排列的标准筛进行筛分，分别称量出各筛子上存留的干土重，并计算各粒组的相对含量，由颗粒分析结果可判断土的颗粒级配及土的名称。标准筛的孔径分别为20 mm，10 mm，5 mm，2 mm，1 mm，0.5 mm，0.25 mm，0.1 mm，0.075 mm。

②沉降分析法

根据斯托克斯定理，球状的细颗粒在水中的下沉速度与颗粒直径的平方成正比，把粒径按其在水中的下沉速度进行粗细分组。在实验室内具体操作时，主要仪器是土壤比重计和容积为1 000 mL的量筒。利用比重计(图1-3)测定不同时间土粒和水混合物悬液的密度,据此计算出某一粒径土粒占总颗粒的百分数。

图1-2 标准筛

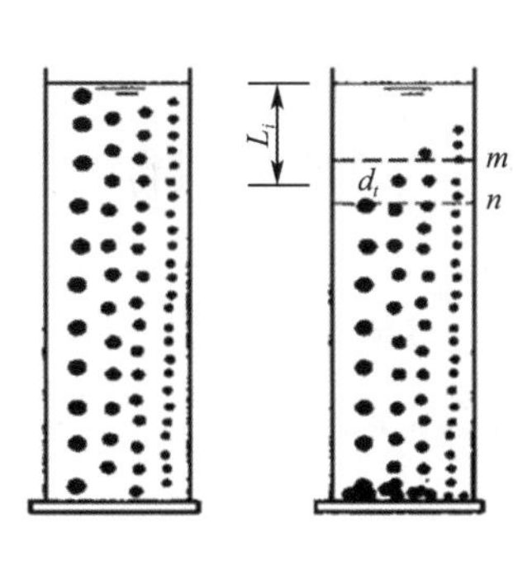

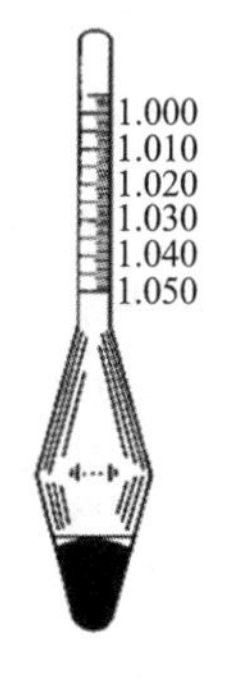

图1-3 比重计法

1.2.2 土中水

土中水即为土中的液相,其含量及其性质明显地影响土的性质。水分子 H_2O 为极性分子,由带正电荷的氢原子 H^+ 与带负电荷的氧原子 O^{2-} 组成。固体颗粒本身带负电荷,在其周围形成电场。在电场范围内,水中的阳离子和极性水分子被吸引在颗粒四周,定向排列,如图1-4所示。根据水分子受到引力的大小,土中水主要可以分成结合水和自由水两大类。

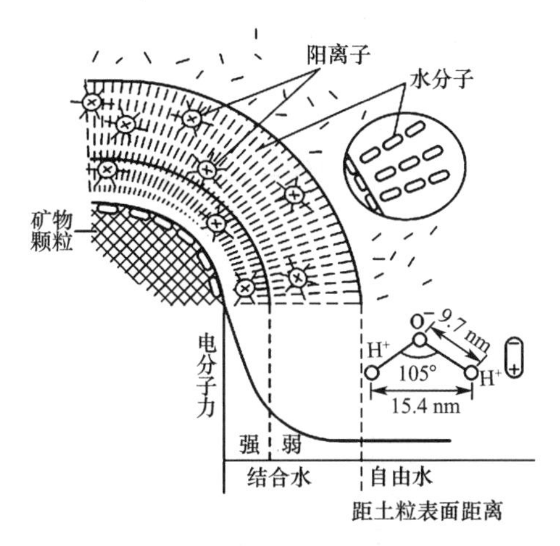

图1-4 矿物颗粒与水分子之间的静电引力

(1)结合水

结合水可以分为强结合水和弱结合水两类。

①强结合水。受颗粒电场作用力吸引紧紧包围在颗粒表面的水分子称为强结合水,它的性质接近固体,不传递静水压力。

②弱结合水(也称薄膜水)。弱结合水指紧靠于强结合水外围形成的一层水膜,其厚度小于0.5 μm。这层水膜里的水分子和水化离子仍在土颗粒电场作用范围以内。弱结

合水也不传递静水压力，但水膜较厚的弱结合水能向邻近的较薄的水膜处缓慢转移。弱结合水的存在是黏性土在某一含水量范围内表现出可塑性的原因。

(2)自由水

不受颗粒电场引力作用的水称为自由水。自由水又可分为重力水和毛细水。

①重力水。这种水位于地下水位以下，是在本身重力或压力差作用下运动的自由水，对土粒有浮力作用。土中重力水传递水压力，与一般水的性质无异。

②毛细水。这种水存在于地下水位以上，是受水与空气交界面处的表面张力作用而存在于细颗粒的孔隙中的自由水。由于表面张力作用，地下水沿着不规则的毛细孔上升，形成毛细水上升带。其上升的高度取决于颗粒粗细与孔隙的大小。砂土、粉土及粉质黏土中毛细水含量较大。毛细水的上升，会使地基湿润，强度降低，变形增大。在干旱地区，地下水中的可溶盐随毛细水上升后不断蒸发，盐分便积聚于靠近地表处而使地表土盐渍化。在寒冷地区毛细水会加剧土的冻胀作用。

1.2.3 土中气体

土中的气体是指存在于土孔隙中未被水占据的部分。其存在的形式有两种：一种与大气相通，不封闭，对土的性质影响不大，称为自由气体；另一种则封闭在土的孔隙中与大气隔绝，封闭气体，不易逸出，增大了土体的弹性和压缩性，减小了透水性，称为封闭气泡。在淤泥和泥炭土中，由于微生物的分解作用，产生一些可燃气体(如硫化氢、甲烷等)，使土层不易在自重作用下压密而形成具有高压缩性的软土层。

1.3 土的结构与构造

1.3.1 土的结构

土的结构是指土颗粒之间的相互排列和连接方式。它在某种程度上反映了土的成分和土的形成条件，因而它对土的特性有重要的影响。土的结构分为单粒结构、蜂窝结构和絮状结构三种，如图 1-5 所示。

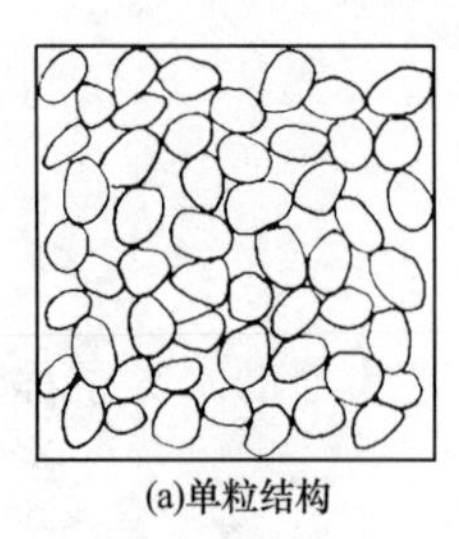
(a)单粒结构

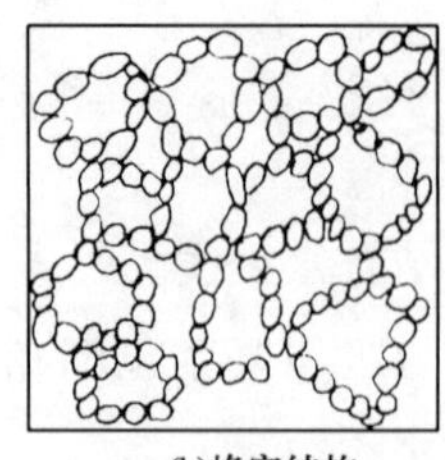
(b)蜂窝结构

(c)絮状结构

图 1-5　土的结构

(1)单粒结构

粗颗粒在重力的作用下独立下沉并与其他稳定的颗粒相接触,稳定下来,就形成单粒结构(图 1-5(a))。单粒结构可以是疏松的,也可以是密实的。

(2)蜂窝结构

较细的颗粒在水中单独下沉时,碰到已沉积的土粒,因土粒间的分子引力大于土粒自重,则下沉的土粒被吸引不再下沉,依次一粒粒被吸引,最终形成具有很大孔隙的蜂窝状结构(图 1-5(b))。

(3)絮状结构

粒径极细的黏土颗粒在水中长期悬浮,这种土粒在水中运动,相互碰撞而吸引,逐渐形成小链环状的土集粒,质量增大而下沉,当一个小链环碰到另一个小链环时相互吸引,不断扩大形成大链环状的絮状结构(图 1-5(c))。

以上三种结构中,以密实的单粒结构工程性质最好,蜂窝结构与絮状结构如被扰动破坏了天然结构,则强度低、压缩性高,不可用作天然地基。

1.3.2 土的构造

土的构造是指同一土层中颗粒或颗粒集合体相互间的分布特征。通常分为层状构造、分散构造、裂隙构造和结核状构造。

(1)层状构造

土粒在沉积过程中,由于不同阶段沉积的土的物质成分、粒径大小或颜色不同,沿竖向呈现层状特征。常见的有水平层理和交错层理。层状构造反映不同年代、不同搬运条件形成的土层,为细粒土的一个重要特征。

(2)分散构造

在搬运和沉积过程中,土层中的土粒分布均匀,性质相近,呈现分散构造,分散构造的土可看作各向同性体。各种经过分选的砂、砾石、卵石等,沉积厚度通常较大,无明显的层理,呈分散构造。

(3)裂隙构造

土体被许多不连续的小裂隙所分割,裂隙中往往充填着盐类沉淀物。不少坚硬和硬塑状态的黏性土具有此种构造,红黏土中网状裂隙发育一般可延伸至地下 3～4 m。黄土具有特殊的柱状裂隙。裂隙破坏了土的完整性,水容易沿裂隙渗漏,使地基土的工程性质恶化。

(4)结核状构造

在细粒土中混有粗颗粒或各种结核的构造属结核状构造,如含礓石的粉质黏土、含砾石的冰渍黏土等。

通常分散构造土的工程性质最好,结核状构造土工程性质的好坏取决于细粒土部分;

裂隙构造土中，因裂隙强度低、渗透性大，所以工程性质差。

1.4 土的三相图及物理性质指标

土的物理性质指标是反映土工程性质的特征指标。土由固体矿物颗粒、水、气体三部分组成，这三部分本身的性质、彼此之间的比例关系和相互作用决定了土的物理性质。土的各组成部分的质量和体积之间的比例关系，用土的三相比例指标表示，对于评价土的物理、力学性质有重要意义。

1.4.1 土的三相图

土中三相之间相互比例不同，土的工程性质也不同，因此需要定量研究三相之间的比例关系，即土的物理性质指标的物理意义和数值大小。工程实际中常用三相图来表示，如图 1-6 所示。图中把自然界中土的三相混合分布情况分别集中起来：固相集中于下部，液相居中部，气相集中于上部，各相的质量和体积如图 1-6 所示，符号含义如下：

V——土的总体积，$V=V_a+V_w+V_s=V_v+V_s$，cm^3；

V_v——土的孔隙体积，$V_v=V_a+V_w$，cm^3；

V_s——土粒的体积，cm^3；

V_a——土中气体的体积，cm^3；

V_w——土中水的体积，cm^3；

m——土的总质量，$m=m_s+m_w+m_a$，g；

m_s——土粒的质量，g；

m_w——土中水的质量，g；

m_a——土中气体的质量，g。

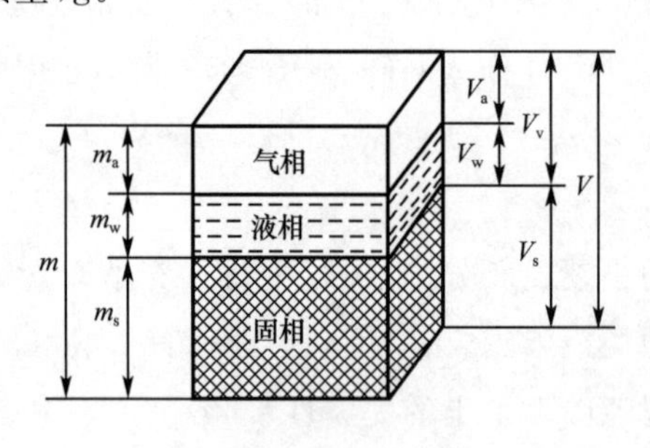

图 1-6 土的三相组成

1.4.2 土的物理性质指标

土的物理性质指标一共有九个。反映土松密程度的指标有土的孔隙比 e、孔隙度（孔隙率）n；反映土含水程度的指标有含水量 w、饱和度 S_r；表征土的指标密度有天然密度 ρ、

干密度 ρ_d、饱和密度 ρ_{sat}，浮密度 ρ' 以及土粒比重（相对密度）G_s。其中土的三项基本物理性质指标（密度 ρ、土粒比重 G_s、含水量 w）由实验室直接测定。

1. 土的密度与重度

（1）土的天然密度 ρ：单位体积土的质量（单位：g/cm³），即

$$\rho=\frac{m}{V} \tag{1-3}$$

它与土的重度有如下关系，即

$$\gamma=\rho g$$

式中，$g=9.81\ \mathrm{m/s^2}$，为了计算方便，常取 $g=10\ \mathrm{m/s^2}$，重度的单位为 $\mathrm{kN/m^3}$。

土的天然密度随着土的矿物成分、孔隙体积和水的含量而异，一般为 1.6～2.2 g/cm³。

测定土密度的方法有环刀法和灌水法。其中环刀法适用于黏性土、粉土与砂土，灌水法适用于卵石、砾石与原状砂。

（2）土的干密度 ρ_d：单位体积土粒的质量，即

$$\rho_d=\frac{m_s}{V} \tag{1-4}$$

常见值：1.3～2.0 g/cm³。

测定方法有大环刀法和放射性同位素法。

工程中，土的干密度通常应用于填方工程，作为土体压实质量控制的标准。土的干密度越大，表明土体压得越密实，土的工程质量越好。

土的干重度为 $\gamma_d=\rho_d g$。

（3）土的饱和密度 ρ_{sat}：土中孔隙全部充满水时，单位体积土的质量，即

$$\rho_{sat}=\frac{m_s+V_v\rho_w}{V} \tag{1-5}$$

常见值：1.8～2.3 g/cm³。

土的饱和重度为 $\gamma_{sat}=\rho_{sat}g$。

（4）土的浮密度（有效密度）ρ'：地下水位以下，土体受水的浮力作用时，扣除水的浮力后单位体积土的质量，即

$$\rho'=\frac{m_s-V_s\rho_w}{V}=\rho_{sat}-\rho_w \tag{1-6}$$

常见值：0.8～1.3 g/cm³。

土的浮重度（有效重度）为 $\gamma'=\rho' g$。

上述密度指标在数值上有如下关系：$\rho_{sat}\geqslant\rho\geqslant\rho_d\geqslant\rho'$；同样相应的重度指标有 $\gamma_{sat}\geqslant\gamma\geqslant\gamma_d\geqslant\gamma'$。

2. 反映土松密程度的指标

(1)土的孔隙比 e:孔隙体积与土粒体积之比,即

$$e=\frac{V_v}{V_s} \tag{1-7}$$

常见值:砂土的孔隙比 $e=0.5\sim1.0$,当砂土的孔隙比 $e<0.6$ 时呈密实状态,为良好地基;黏性土的孔隙比 $e=0.5\sim1.2$,当黏性土的孔隙比 $e>1.0$ 时为软弱地基。

确定方法:e 的值可根据 ρ 与 w 的实测值计算而得。

(2)土的孔隙度(孔隙率)n:表示孔隙体积与土总体积的比值,反映土中孔隙大小的程度,即

$$n=\frac{V_v}{V}\times100\% \tag{1-8}$$

常见值:$n=25\%\sim60\%$。

确定方法:n 的值可根据 ρ、G_s 与 w 的实测值计算而得。

3. 反映土含水程度的指标

(1)土的含水量 w:土中水的质量与土粒质量的比值,即

$$w=\frac{m_w}{m_s}\times100\% \tag{1-9}$$

天然土层的含水量变化范围很大,它与土的种类、埋藏条件及其所处的自然地理环境等有关。一般砂土的含水量为 0~40%,黏性土的含水量为 20%~60%。

含水量的测定有四种方法:烘箱法,适用于黏性土、粉土和砂土的常规试验;红外线法,适用于少量试样试验;酒精燃烧法,适用于少量试样快速试验;铁锅炒干法,适用于卵石与砂夹卵石。

(2)土的饱和度 S_r:土中水的体积与孔隙体积的比值,即水充填土中孔隙的程度,即

$$S_r=\frac{V_w}{V_v}\times100\% \tag{1-10}$$

根据饱和度 S_r 可把细砂、粉砂等土划分为下列三种湿度状态,即

$S_r\leqslant50\%$	稍湿
$50\%<S_r\leqslant80\%$	很湿
$S_r>80\%$	饱和

常见值:$S_r=0\sim100\%$。

确定方法:S_r 的大小可根据 ρ、G_s 与 w 的实测值计算得到。

4. 其他指标

土粒比重 G_s(土粒相对密度):土粒的密度与纯蒸馏水在 4 ℃时密度的比值,即

$$G_s=\frac{\rho_s}{\rho_w}=\frac{m_s/V_s}{\rho_w} \tag{1-11}$$

常见值：土粒比重的大小取决于土粒的矿物成分，一般砂土为 2.65～2.69，粉土为 2.70～2.71，黏性土为 2.72～2.75。

测定方法：比重瓶法和经验法。

值得注意的是，土的各项物理性质指标并不是相互独立的，实际上，只要测定 ρ、G_s 和 w 后，就可以推导出其他六个指标。由于土的各项物理性质指标都是反映土中三相物质成分相对含量的比值，因而可用下述简便方法由已知指标导出其他物理性质指标。

步骤：

①假设 $V_s=1$（$V=1$ 或 $m_s=1$），并画出三相简图。

②解出各相物质成分的质量和体积。

③利用定义式导出所求的物理性质指标。

土的三相比例指标换算公式见表 1-3。

表 1-3　土的三相比例指标换算公式

名称	符号	表达式	常用换算公式	单位	常见数值范围
密度	ρ	$\rho=\frac{m}{V}$	$\rho=\frac{G_s+S_r e}{1+e}\rho_w$	g/cm^3	$1.6\sim2.2\ g/cm^3$
重度	γ	$\gamma=\rho g$	$\gamma=\frac{G_s+S_r e}{1+e}\gamma_w$	kN/m^3	$16\sim20\ kN/m^3$
干密度	ρ_d	$\rho_d=\frac{m_s}{V}$	$\rho_d=\frac{G_s}{He}\rho_w$	g/cm^3	$1.3\sim2.0\ g/cm^3$
干重度	γ_d	$\gamma_d=\rho_d g$	$\gamma_d=\frac{\rho}{1+w}g=\frac{\gamma}{1+w}$	kN/m^3	$13\sim20\ kN/m^3$
饱和土密度	ρ_{sat}	$\rho_{sat}=\frac{m_s+V_v\rho_w}{V}$	$\rho_{sat}=\frac{G_s+e}{1+e}\rho_w$	g/cm^3	$1.8\sim2.3\ g/cm^3$
饱和土重度	γ_{sat}	$\gamma_{sat}=\rho_{sat}g$	$\gamma_{sat}=\frac{G_s+e}{1+e}\gamma_w$	kN/m^3	$18\sim23\ kN/m^3$
浮密度	ρ'	$\rho'=\frac{m_s-V_s\rho_w}{V}$	$\rho'=\rho_{sat}-\rho_w$	g/cm^3	$0.8\sim1.3\ g/cm^3$
浮重度	γ'	$\gamma'=\frac{m_s-V_s\rho_w}{V}g$	$\gamma'=\gamma_{sat}-\gamma_w$	kN/m^3	$8\sim13\ kN/m^3$
土粒比重	G_s	$G_s=\frac{\rho_s}{\rho_w}$	$G_s=\frac{S_r e}{w}$	—	砂土：2.65～2.69 粉土：2.70～2.71 黏性土：2.72～2.75
含水量	w	$w=\frac{m_w}{m_s}\times100\%$	$w=\frac{S_r e}{G_s}$	—	砂土：0～40% 黏性土：20%～60%

（续表）

名称	符号	表达式	常用换算公式	单位	常见数值范围
孔隙比	e	$e=\frac{V_v}{V_s}$	$e=\frac{G_s\rho_w}{\rho_d}-1$	—	砂土：0.5～1.0 黏性土：0.5～1.2
孔隙率	n	$n=\frac{V_v}{V}\times100\%$	$n=\frac{e}{1+e}\times100\%$	—	黏性土：30%～60% 砂土：25%～45%
饱和度	S_r	$S_r=\frac{V_w}{V_v}\times100\%$	$S_r=\frac{wG_s}{e}$	—	0～100%

【例题 1-1】 有一块 50 cm^3 的原状土样质量 m_1 为 95.15 g，烘干后质量 m_2 为 75.05 g，已知土粒比重为 2.67，求干重度 γ_d、含水量 w、孔隙比 e、饱和重度 γ_{sat}。

解：①干重度 $\gamma_d=\frac{m_2}{V}g=\frac{75.05\times10^{-6}}{50\times10^{-6}}\times10=15.01\ kN/m^3$

②含水量 $w=\frac{m_1-m_2}{m_2}\times100\%=\frac{95.15-75.05}{75.05}\times100\%=26.8\%$

③孔隙比 $e=\frac{G_s\rho_w}{\rho_d}-1=\frac{G_s\rho_w}{m_2/V}-1=\frac{2.67\times1}{7.05/50}-1=0.78$

④饱和重度 $\gamma_{sat}=\frac{G_s+e}{1+e}\gamma_w=\frac{2.67+0.78}{1+0.78}\times10=19.38\ kN/m^3$

【例题 1-2】 某原状土样，试验测得重度 $\gamma=19\ kN/m^3$，土粒比重 $G_s=2.72$，含水量 $w=22\%$，试求 e、n、S_r、γ_d。

解：①$e=\frac{G_s(1+w)g}{\gamma}-1=\frac{2.72\times(1+0.22)\times10}{19}-1=0.75$

②$n=\frac{e}{1+e}\times100\%=\frac{0.75}{1+0.75}\times100\%=42.86\%$

③$S_r=\frac{wG_s}{e}=\frac{0.22\times2.72}{0.75}\times100\%=79.79\%$

④$\gamma_d=\frac{\gamma}{1+w}=\frac{19}{1+0.22}=15.57\ kN/m^3$

1.5 土的物理状态指标

土的物理状态，对于粗粒土，是指土的密实程度；对于细粒土，则是指土的软硬程度或称为黏性土的稠度。

1.5.1 无黏性土的密实度

土的密实度通常是指单位体积中固体颗粒的含量。无黏性土的密实度与其工程性质密切相关。若土颗粒排列紧密，则其结构稳定，压缩变形小，强度大，可作为良好的天然地基；反之，密实度小，结构疏松、不稳定，压缩变形大。因此，工程中常用密实度判别无黏性土的工程性质。判别无黏性土的密实性常用以下几种方法。

1. 砂土的密实度

(1)孔隙比法

土的基本物理性质指标中，孔隙比 e 反映了土中孔隙的大小。e 值大，表示土中孔隙大，则土疏松；反之，e 值小，表示土中孔隙小，则土密实。因此，可以用孔隙比的大小来衡量土的密实性，见表 1-4。

表 1-4 砂土的密实度

土的名称	密实度			
	密实	中密	稍密	松散
砾砂、粗砂、中砂	$e<0.60$	$0.60\leqslant e\leqslant 0.75$	$0.75<e\leqslant 0.85$	$e>0.85$
细砂、粉砂	$e<0.70$	$0.70\leqslant e\leqslant 0.85$	$0.85<e\leqslant 0.95$	$e>0.95$

该方法的特点：

①优点：用一个指标 e 即可判别砂土的密实度，应用方便简捷。

②缺点：由于颗粒的形状和级配对孔隙比有极大的影响，因此只用一个指标 e 无法反映土的颗粒级配的因素。例如，对两种级配不同的砂，采用孔隙比 e 来评判其密实度，其结果是颗粒均匀的密砂的孔隙比大于级配良好的松砂的孔隙比，则密砂的密实度小于松砂的密实度，与实际不符。

(2)相对密实度法

为了考虑颗粒级配对判别密实度的影响，引入相对密实度的概念。

相对密实度表达式为

$$D_r=\frac{e_{max}-e}{e_{max}-e_{min}} \tag{1-12}$$

式中 D_r——土的相对密实度；

e_{max}——土的最大孔隙比；

e_{min}——土的最小孔隙比；

e——土的孔隙比。

采用相对密实度划分无黏性土的密实度见表 1-5。

表 1-5 用 D_r 确定无黏性土的密实度

密实度	密实	中密	松散
相对密实度 D_r	$0.67<D_r\leqslant 1$	$0.33<D_r\leqslant 0.67$	$0<D_r\leqslant 0.33$

该方法的特点：

①优点：把土的级配因素考虑在内，理论上较为完善。

②缺点：e、e_{max}、e_{min} 都难以准确测定。目前 D_r 主要应用于填方质量的控制，对于天然

土尚难应用。

(3)根据现场标准贯入试验判定

标准贯入试验是一种原位测试方法。试验方法是:将质量为 63.5 kg 的锤头,提升到 76 cm 的高度,让锤头自由下落,打击标准贯入器,使标准贯入器入土深为 30 cm 所需的锤击数,记为 $N_{63.5}$,这是一种简便的测试方法。$N_{63.5}$ 的大小综合反映了土贯入阻力的大小,即密实度的大小。我国《岩土工程勘察规范》(GB 50021—2001)(2009 年版)规定砂土的密实度按表 1-6 标准贯入试验锤击数进行划分。

表 1-6　根据标准贯入试验锤击数划分砂土的密实度

标准贯入试验锤击数 $N_{63.5}$	$N_{63.5} \leqslant 10$	$10 < N_{63.5} \leqslant 15$	$15 < N_{63.5} \leqslant 30$	$N_{63.5} > 30$
密实度	松散	稍密	中密	密实

2. 碎石土的密实度

根据《建筑地基基础设计规范》(GB 50007—2011)的规定,碎石土的密实度可按重型(圆锥)动力触探试验锤击数 $N_{63.5}$ 划分,见表 1-7。

表 1-7　碎石土密实度

碎石土密实度	密实	中密	稍密	松散
重型(圆锥)动力触探试验锤击数 $N_{63.5}$	$N_{63.5} > 30$	$30 \geqslant N_{63.5} > 15$	$15 \geqslant N_{63.5} > 7$	$N_{63.5} \leqslant 7$

注:①本表适用于平均粒径小于或等于 50 mm 且最大粒径不超过 100 mm 的卵石、碎石、圆砾、角砾;对于平均粒径大于 50 mm 或最大粒径大于 100 mm 的碎石土,可按表 1-8 鉴别其密实度。

②表内 $N_{63.5}$ 为经综合修正后的平均值。

表 1-8　碎石土密实度野外鉴别方法

密实度	骨架颗粒含量和排列	可挖性	可钻性
密实	骨架颗粒含量大于总质量的 70%,呈交错排列,连续接触	锹镐挖掘困难,用撬棍方能松动;井壁一般较稳定	钻进极困难;冲击钻探时,钻杆、吊锤跳动剧烈;孔壁较稳定
中密	骨架颗粒含量等于总质量的 60%~70%,呈交错排列,大部分接触	锹镐可挖掘;井壁有掉块现象;从井壁取出大颗粒处能保持颗粒凹面形状	钻进较困难;冲击钻探时,钻杆、吊锤跳动不剧烈;孔壁有坍塌现象
稍密	骨架颗粒含量等于总质量的 55%~60%,排列混乱,大部分不接触	锹可以挖掘;井壁易坍塌;从井壁取出大颗粒后,砂土立即坍落	钻进较容易;冲击钻探时,钻杆稍有跳动;孔壁易坍塌
松散	骨架颗粒含量小于总质量的 55%,排列十分混乱,绝大部分不接触	锹易挖掘;井壁极易坍塌	钻进很容易;冲击钻探时,钻杆无跳动;孔壁极易坍塌

1.5.2　黏性土的物理特性

黏性土是指具有可塑状态性质的土,它们在外力的作用下,可塑成任何形状而不开裂,也不改变体积,当外力去掉后,仍可以保持原形不变,土的这种性质叫作可塑性。黏性土颗粒细小，比表面积大，含水量对黏性土的工程性质有着极大的影响。

黏性土由一种状态转变到另一种状态的界限含水量，称为阿太堡界限含水量。它对黏性土的分类及工程性质的评价有重要意义。

稠度是指黏性土含水量不同时所表现出的物理状态，它反映了土的软硬程度或土对外力引起的变化或抵抗破坏能力的性质。

1. 黏性土的界限含水量

黏性土从一种状态转变到另外一种状态的分界含水量称为界限含水量。

液限——黏性土呈液态与塑态之间的界限含水量称为液限 w_L(%)；

塑限——黏性土呈塑态与半固态之间的界限含水量称为塑限 w_p(%)；

缩限——黏性土呈半固态与固态之间的界限含水量称为缩限 w_s(%)。

如图 1-7 所示，土中含水量很少时，由于颗粒表面的电荷作用，水紧紧吸附于颗粒表面，成为强结合水。按水膜厚薄的不同，土表现为固态或半固态。当含水量增加时，被吸附在颗粒周围的水膜加厚，土粒周围有强结合水和弱结合水，在这种含水量情况下，土体可以被捏成任意形状而不破裂，这种状态称为塑态。弱结合水的存在是土具有可塑状态的原因。当含水量再增加时，土中除结合水外还出现了较多的自由水，黏性土呈流动状态即液态。黏性土随含水量的减少可从液态转变为塑态、半固态及固态。

图 1-7 黏性土的稠度

我国采用锥式液限测定仪(图 1-8)进行液限的测定，采用滚搓法或者光电液塑限联合测定仪(图 1-9)进行塑限的测定，具体试验方法参见相关规范。

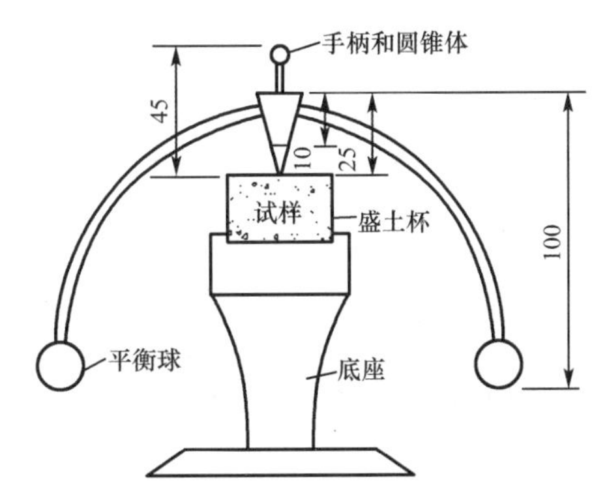

图 1-8 锥式液限测定仪

图 1-9 光电液塑限联合测定仪

2. 塑性指数 I_p 和液性指数 I_L

(1)塑性指数 I_p

黏性土与粉土的液限与塑限的差值，去掉百分号，称为塑性指数，表明细粒土体处于可塑状态下含水量变化的最大区间。土粒越细，黏粒含量越多，比表面积越大，与水作用和进行交换的机会越多，塑性指数 I_p 越大。I_p 越大，土能吸附的结合水越多，并仍处于塑态，即该土黏粒含量高或矿物成分吸水能力强。工程中用塑性指数作为黏性土与粉土的定名标准。即

$$I_p = w_L - w_p \tag{1-13}$$

(2)液性指数 I_L

液性指数又称为相对稠度，是用土的含水量与塑限之差除以塑性指数，反映黏性土天然状态的软硬程度。液性指数 I_L 在建筑工程中可作为确定黏性土承载力的重要指标。即

$$I_L = \frac{w - w_p}{w_L - w_p} \tag{1-14}$$

根据液性指数的大小，可将黏性土划分为五种状态，见表 1-9。

表 1-9　按 I_L 划分黏性土的软硬状态

液性指数	$I_L \leqslant 0$	$0 < I_L \leqslant 0.25$	$0.25 < I_L \leqslant 0.75$	$0.75 < I_L \leqslant 1$	$I_L > 1$
状态	坚硬	硬塑	可塑	软塑	流塑

3. 结构特性

(1)灵敏度

土的结构形成后就获得某种强度，且结构强度随时间而增长。从地层中取出能保持原有结构及含水量的土称为原状土；土体结构受到破坏或含水量发生变化时称为扰动土；将扰动土再按原状土的密度和含水量制备成的试样，称为重塑土。黏性土的原状土无侧限抗压强度与重塑土的无侧限抗压强度的比值，称为土的灵敏度 S_t，即

$$S_t = \frac{q_u}{q'_u} \tag{1-15}$$

式中　q_u——原状土的无侧限抗压强度，kPa；

q'_u——重塑土的无侧限抗压强度，kPa。

灵敏度反映黏性土结构性的强弱。根据灵敏度的数值大小，黏性土可分为三类：

低灵敏土　$0 < S_t \leqslant 2$

中灵敏土　$2 < S_t \leqslant 4$

高灵敏土　$S_t > 4$

工程应用：保护基槽。遇灵敏度高的土，施工时应特别注意保护基槽，防止人为践踏基槽，破坏土的结构，降低地基强度。

(2)触变性

黏性土的结构受扰动时，土的强度就降低。但静置一段时间，土颗粒和水分子及离子会重新组合排列，形成新的结构，强度又得到一定程度的恢复。这种含水量和密度不变，土因重塑而软化，又因静置而逐渐硬化，强度有所恢复的性质，称为土的触变性。

4. 活动度

黏性土的塑性指数与土中胶粒含量百分数的比值称为活动度(活性指数)A，即

$$A=\frac{I_{p}}{P_{0.002}} \tag{1-16}$$

式中 I_p——黏性土的塑性指数；

$P_{0.002}$——粒径小于 0.002 mm 颗粒的质量占土总质量的百分比。

活动度反映黏性土中所含矿物的活动性。根据活动度的大小，黏性土可以分为如下三类：

非活性黏土 $A<0.75$

正常黏土 $0.75\leqslant A\leqslant 1.25$

活性黏土 $A>1.25$

非活性黏土中的矿物成分以高岭石等吸水能力较差的矿物为主，而活性黏土的矿物成分则以吸水能力很强的蒙脱石等矿物为主。

1.6 土的工程分类

自然界中土的种类很多，工程性质各异。为了便于研究，需要按其主要特征进行分类。由于各部门对土的某些工程性质的重视程度和要求不完全相同，制定分类标准时的着眼点也就不同。加上长期的经验和习惯，很难使大家取得一致的看法。在目前还没有统一土名和土的分类法的情况下，本书主要介绍常用的《建筑地基基础设计规范》(GB 50007—2011)分类法。

1.6.1 土的工程分类依据

按实践经验，工程上以土的颗粒直径大于 0.075 mm 的质量占全部土粒质量的比值作为第一分类的界限。当此比值>50%时称为粗粒土，此比值≤50%时称为细粒土。

粗粒土的工程性质，如强度、压缩性和透水性等，很大程度上取决于土的颗粒级配。因此，粗粒土按颗粒级配累计曲线分类。细粒土的工程性质不仅取决于颗粒级配，还与土的矿物成分和性状等有密切关系。其中，比表面积和矿物成分在很大程度上决定了细粒土的性质，二者直接综合表现为土的吸附结合水的能力。因此，目前国内外的各种规范中多用吸附结合水的能力作为细粒土的分类标准。反映土吸附结合水能力的特性指标有液限 w_L、塑限 w_p 和塑性指数 I_p。国内外对细粒土的分类，多用塑性指数 I_p 或塑性指数 I_p 加液限 w_L 指标作为分类指标。

1.6.2 《建筑地基基础设计规范》(GB 50007—2011)分类法

按这种分类法，土(包括岩石)分成六大类，即岩石、碎石土、砂类土、粉土、黏性土和人工填土。

1. 岩石

(1)定义

岩石是颗粒间牢固联结，呈整体或具有节理、裂隙的岩体。

(2)分类

①根据其成因条件可分为岩浆岩、沉积岩、变质岩。

②根据其坚硬程度可分为坚硬岩、较硬岩、较软岩、软岩、极软岩等五类,见表1-10。

表1-10　　岩石坚硬程度的定量划分

坚硬程度类别	坚硬岩	较硬岩	较软岩	软岩	极软岩
饱和单轴抗压强度标准值 f_{rk}/MPa	$f_{rk}>60$	$60\geqslant f_{rk}>30$	$30\geqslant f_{rk}>15$	$15\geqslant f_{rk}>5$	$f_{rk}\leqslant 5$

当缺乏饱和单轴抗压强度资料或不能进行该项试验时,可在现场通过观察定性划分,见表1-11。

表1-11　　岩石坚硬程度的定性划分

名称		定性鉴定	代表性岩石
硬质岩石	坚硬岩	锤击声清脆,有回弹,震手,难击碎;基本无吸水反应	未风化、微风化的花岗岩、闪长岩、辉绿岩、玄武岩、安山岩、片麻岩、石英岩、硅质砾岩、石英砂岩、硅质石灰岩等
	较硬岩	锤击声较清脆,有轻微回弹,稍震手,较难击碎;有轻微吸水反应	1. 微风化的坚硬岩 2. 风化、微风化的大理岩、板岩、石灰岩、钙质砂岩等
软质岩石	较软岩	锤击声不清脆,无回弹,较易击碎;指甲可刻出印痕	1. 风化的坚硬岩和较硬岩 2. 未风化、微风化的凝灰岩、千枚岩、砂质泥岩、泥灰岩等
	软岩	锤击声哑,无回弹,有凹痕,易击碎;浸水后,可捏成团	1. 强风化的坚硬岩和较硬岩 2. 中风化的较软岩 3. 未风化、微风化的泥质砂岩、泥岩等
极软岩		锤击声哑,无回弹,有较深凹痕,手可捏碎;浸水后,可捏成团	1. 风化的软岩 2. 全风化的各种岩石 3. 各种半成岩

③按风化程度可分为微风化岩、中风化岩和强风化岩,见表1-12。

表1-12　　岩石风化程度的划分

按风化程度分类	特征
微风化岩	岩质新鲜,表面稍有风化迹象
中风化岩	结构和构造层理清晰;岩体被节理、裂隙分割成块状,裂隙中填充少量风化物;锤击声脆,且不易击碎;用镐难挖掘,用岩心钻方可钻进
强风化岩	结构和构造层理不甚清晰,矿物成分已显著变化;岩体被节理、裂隙分割成碎石状,碎石用手可以折断;用镐可以挖掘,手摇钻不易钻进

(3)工程性质

微风化的硬质岩石为最优良地基,强风化的软质岩石工程性质差,这类地基的承载力不如一般卵石地基承载力高。

2. 碎石土

(1)定义

粒径大于>2 mm 的颗粒质量超过土总质量 50%的土。

(2)分类

根据土的颗粒级配中各粒组的含量和颗粒形状进行分类定名。颗粒形状以圆形及亚圆形为主的土,由大至小分为漂石、卵石、圆砾三种;颗粒形状以棱角形为主的土,相应分为块石、碎石、角砾三种。具体见表 1-13。

表 1-13　碎石土的分类

土的名称	颗粒形状	粒组含量
漂石	以圆形及亚圆形为主	粒径大于 200 mm 的颗粒质量超过土总质量的 50%
块石	以棱角形为主	
卵石	以圆形及亚圆形为主	粒径大于 20 mm 的颗粒质量超过土总质量的 50%
碎石	以棱角形为主	
圆砾	以圆形及亚圆形为主	粒径大于 2 mm 的颗粒质量超过土总质量的 50%
角砾	以棱角形为主	

注:分类时应根据粒组含量栏从上到下以最先符合者确定。

(3)工程性质

常见的碎石土强度大,压缩性小,渗透性大,为优良地基。其中密实碎石土为优等地基;中等密实碎石土为优良地基;稍密碎石土为良好地基。

3. 砂类土

(1)定义

粒径大于 2 mm 的颗粒质量不超过土总质量 50%,粒径大于 0.075 mm 的颗粒质量超过土总质量 50%的土。

(2)分类

砂类土根据粒组含量不同又细分为砾砂、粗砂、中砂、细砂和粉砂五类,见表 1-14。

表 1-14　砂土的分类

土的名称	粒组含量
砾砂	粒径大于 2 mm 的颗粒质量占土总质量 25%～50%
粗砂	粒径大于 0.5 mm 的颗粒质量超过土总质量 50%
中砂	粒径大于 0.25 mm 的颗粒质量超过土总质量 50%
细砂	粒径大于 0.075 mm 的颗粒质量超过土总质量 85%
粉砂	粒径大于 0.075 mm 的颗粒质量超过土总质量 50%

(3)工程性质

①密实与中密状态的砾砂、粗砂、中砂为优良地基;稍密状态的砾砂、粗砂、中砂为良好地基。

②细砂与粉砂要具体分析:密实状态时为良好地基;饱和疏松状态时为不良地基。

4. 粉土

(1)定义

粒径大于0.075 mm的颗粒质量不超过土总质量的50%,且塑性指数 $I_p \leqslant 10$ 的土。

(2)分类

根据土的密实度进行划分,粉土的密实度以孔隙比为划分标准,具体见表1-15。

表1-15 粉土的密实状态划分

孔隙比范围	$e>0.90$	$0.90 \geqslant e \geqslant 0.75$	$e<0.75$
密实状态	稍密	中密	密实

(3)工程性质

粉土的工程性质介于砂类土与黏性土之间。它既不具有砂类土透水性大、容易排水固结、抗剪强度较高的优点,又不具有黏性土防水性能好、不易被水冲蚀流失、具有较大黏聚力的优点。在许多工程问题上,表现出较差的性质,如受震动容易液化,冻胀性大等。因此,在现行规范中将其单列一类,以便于进一步研究。密实的粉土为良好地基;饱和稍密的粉土地震时易产生液化,为不良地基。

5. 黏性土

(1)定义

塑性指数 $I_p>10$ 的土,称为黏性土。

(2)分类

黏土性按塑性指数的大小分为黏土和粉质黏土。$10<I_p \leqslant 17$ 为粉质黏土;$I_p>17$ 为黏土。

(3)工程性质

黏性土的工程性质与其含水量的大小密切相关。密实硬塑的黏性土为优良地基;疏松流塑状态的黏性土为软弱地基。

6. 人工填土

(1)定义

人工填土是指由于人类活动而形成的各类土。其成分复杂,均匀性差。

(2)分类

按人工填土的组成物质和堆积年代进行分类定名,按人工填土的堆积年代分为老填土和新填土。

①老填土。黏性土填筑时间超过10年,粉土填筑时间超过5年的人工填土称为老填土。

②新填土。黏性土填筑时间小于10年，粉土填筑时间少于5年的人工填土称为新填土。

按人工填土的组成和成因分为素填土、杂填土、冲填土和压实填土四类，见表1-16。

表1-16 人工填土按组成物质分类

土的名称	组成物质
素填土	由碎石土、砂土、粉土、黏性土等组成
杂填土	含有建筑物垃圾、工业废料、生活垃圾等杂物的填土
冲填土	由水力冲填泥沙形成的填土
压实填土	经过压实或夯实的素填土

(3)工程性质

通常人工填土的工程性质不良，强度低，压缩性好且不均匀。其中，压实填土相对较好。杂填土因成分复杂，平面与立面分布很不均匀、无规律，故工程性质较差。

1.6.3 特殊土

自然界中还分布着许多具有特殊性质的土，如淤泥、淤泥质土、红土、黄土、膨胀土、冻土等。

(1)淤泥和淤泥质土

天然含水量大于液限（$w>w_L$），天然孔隙比$e\geqslant 1.5$的黏性土为淤泥；天然孔隙比$1.0\leqslant e<1.5$的黏性土或粉土为淤泥质土。

工程性质：压缩性高，强度低，透水性差，为不良地基。

(2)膨胀土

土中黏粒成分主要由亲水矿物组成，同时具有显著的吸水膨胀和失水收缩特性，自由膨胀率大于或等于40%的黏性土，为膨胀土。

(3)湿陷性土

浸水后产生附加沉降，其湿陷系数不小于0.015的土为湿陷性土。

(4)红黏土和次生红黏土

红黏土的液限$w_L>50\%$，$I_p=30\sim50$，$e=1.1\sim1.7$，$S_r>0.85$。液限$w_L>45\%$的土为次生红黏土。

红黏土的工程性质：强度高，压缩性差。

思考题

1.1 何谓土粒粒组？土粒粒组的划分标准是什么？

1.2 何谓土的颗粒级配？颗粒级配累计曲线的纵、横坐标各表示什么？不均匀系数$C_u>10$反映土的什么性质？

1.3 土的结构通常分成哪几种？它与矿物成分及成因条件有何关系？

1.4 土由哪几部分组成？土中次生矿物是怎样生成的？

1.5　在土的三相比例指标中，哪些指标是直接测定的？其余指标如何导出？

1.6　液性指数是否会出现 $I_L>0$ 和 $I_L<0$ 的情况？相对密度是否会出现 $D_r>1.0$ 和 $D_r<0$ 的情况？

1.7　无黏性土最重要的物理状态指标是什么？用孔隙比、相对密实度和标准贯入试验锤击数 $N_{63.5}$ 来划分密实度各有何优缺点？

1.8　黏性土最重要的物理特征是什么？何谓液限？何谓塑限？

习　题

1.1　某土样天然密度 $\rho=1.85\ g/cm^3$，含水量 $\omega=34\%$，土粒比重 $G_s=2.71$，试求饱和密度 ρ_{sat}，有效密度 ρ'，孔隙比 e，饱和度 S_r。

1.2　已知土样体积 $V=38.40\ cm^3$，湿土质量 $m_1=67.2\ g$，在烘箱中经过 24 小时烘干后，质量为 $m_2=49.35\ g$，试验测得 $G_s=2.69$。试求土样密度 ρ、含水量 w、干容重 γ_d、孔隙比 e、孔隙率 n 和饱和度 S_r。

1.3　某砂土土样的天然密度为 $1.77\ g/cm^3$，天然含水量为 9.8%，土粒比重为 2.67，烘干后测定最小孔隙比为 0.461，最大孔隙比为 0.943。试求天然孔隙比 e 和相对密度 D_r，并评定该砂土的密实度。

1.4　某饱和土样 $V=120\ cm^3$，$m=208\ g$，$G_s=2.74$，$w=16\%$，$w_L=27\%$，$w_p=9\%$，试求 n、e、γ、γ_d、I_p、I_L，确定土样名称，并判断土体所处状态。

1.5　一体积为 $50\ cm^3$ 的原状土样，湿土质量为 90 g，烘干后质量为 68 g，土粒比重 $G_s=2.69$，土的液、塑限分别为 $w_L=37\%$，$w_p=22\%$。

试求：①土的塑性指数 I_p，液性指数 I_L，并确定其软硬状态。

②若将土样压密，使其干容量达到 $16.1\ kN/m^3$，此时土样的孔隙比减小多少？

第2章 土体中的应力计算

2.1 地基的自重应力

在计算地基中的自重应力时，一般将地基作为半无限弹性体来考虑。由半无限弹性体的边界条件可知，其内部任一与地面平行的平面或垂直的平面上，仅作用着竖向自重应力 σ_{cz} 和水平向自重应力 $\sigma_{cx}=\sigma_{cy}$，而剪应力 $\sigma=0$。

2.1.1 竖向自重应力

(1)设地基中某单元体离地面的距离为 z，土的重度为 γ，则单元体上竖向自重应力等于单位面积上的土柱有效重量，如图 2-1 所示，即 $\sigma_{cz}=\gamma z$，也用 σ_c 表示。

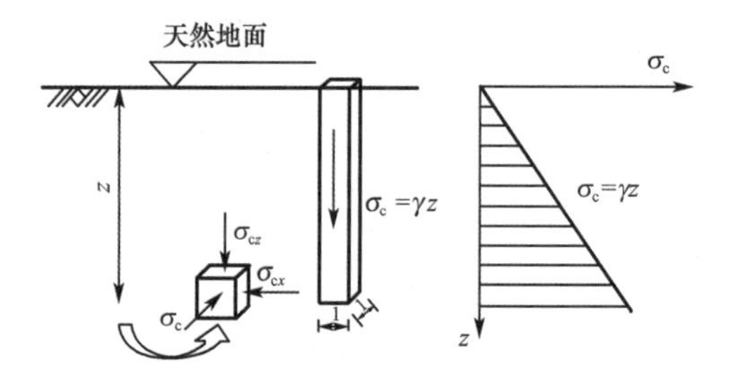

图 2-1 土的自重应力计算

可见，土的竖向自重应力随着深度直线增大，呈三角形分布。

(2)当地基由多层土组成(图 2-2)，设各土层的厚度为 $h_1,h_2,\cdots,h_n$，相应的重度分别为 $\gamma_1,\gamma_2,\cdots,\gamma_n$，则地基中的第 n 层土底面处的竖向自重应力为

$$\sigma_{cz}=\gamma_1 h_1+\gamma_2 h_2+\cdots+\gamma_n h_n=\sum_{i=1}^{n}\gamma_i h_i \tag{2-1}$$

在计算土的自重应力时应注意计算点是否在地下水位以下，由于水对土体有浮力作

用，则水下部分土柱的有效重度应采用土的浮重度 γ' 或饱和重度 γ_{sat} 计算；其中当位于地下水位以下的土为砂土时，土中水为自由水，计算时用浮重度 γ'；当位于地下水位以下的土为坚硬黏土时（不透水），在饱和坚硬黏土中只含有结合水，计算自重应力时应采用饱和重度 γ_{sat}；如果是介于砂土和坚硬黏土之间的土，则要按具体情况分析选用适当的重度，由是否透水决定。

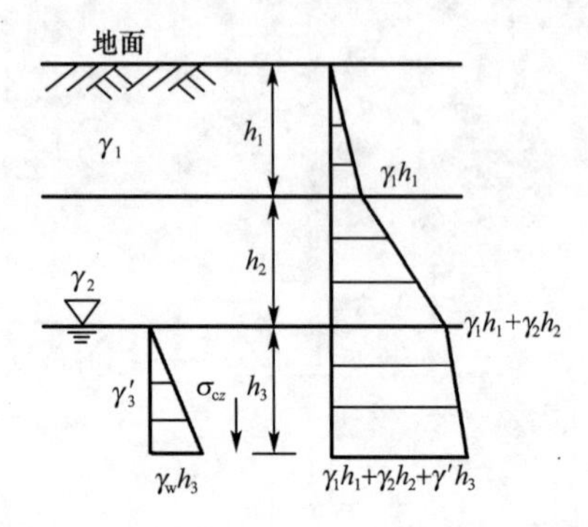

图 2-2　多层土中的自重应力

(3)地下水位升降时的土中自重应力。

地下水位升降，使地基土中自重应力也相应发生变化。图 2-3(a)为地下水位下降的情况，如在软土地区，因大量抽取地下水，以致地下水位长期大幅度下降，使地基中有效自重应力增加，从而引起地面大面积沉降的严重后果。图 2-3(b)为地下水位长期上升的情况，在人工抬高蓄水水位(如筑坝蓄水)或工业废水大量渗入地下的地区。水位上升会引起地基变软，承载力减小，湿陷性土的塌陷现象等，必须引起注意。

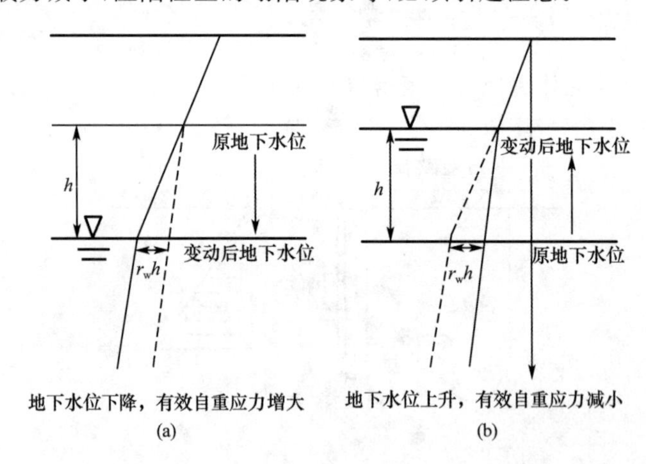

图 2-3　地下水位升降对土中自重应力的影响

2.1.2　水平向自重应力

在半无限弹性体内，由侧限条件可知，土不可能发生侧向变形($\varepsilon_x=\varepsilon_y=0$)，因此，该单元体上两个水平向自重应力相等，根据广义胡克定律可得下列计算公式，即

$$\sigma_{cx}=\sigma_{cy}=K_0\sigma_{cz}=K_0\gamma z \tag{2-2}$$

式中,K_0为土的侧压力系数,它是侧限条件下土中水平有效应力与竖向有效应力之比,可由试验测定,$K_0=\frac{\upsilon}{1-\upsilon}$,1,$\upsilon$是土的泊松比(土的泊松比$\upsilon$=0.20~0.45)。

【例题 2-1】 一地基由多层土组成,地质剖面如图 2-4 所示,试计算并绘制自重应力σ_{cz}沿深度的分布图。

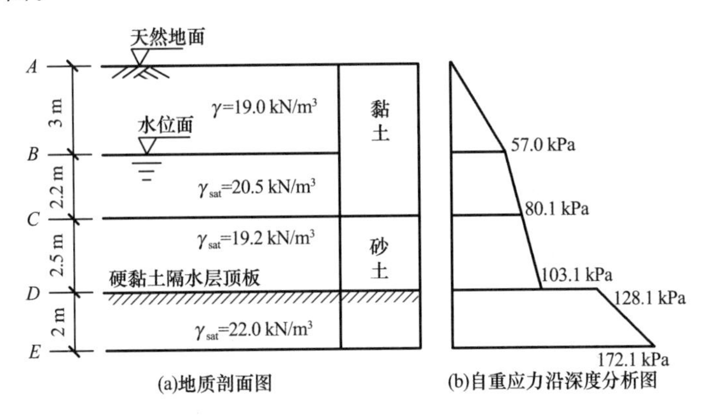

图 2-4 例题 2-1 图

解:A 点:$\sigma_{czA}=0$

B 点:$\sigma_{czB}=\gamma_B h_B=19\times3\ \text{kPa}=57.0\ \text{kPa}$

C 点:$\sigma_{czC}=\gamma_B h_B+\gamma_C' h_C=19\times3\ \text{kPa}+(20.5-10)\times2.2\ \text{kPa}=80.1\ \text{kPa}$

D 点上:$\sigma_{czD上}=\gamma_B h_B+\gamma_C' h_C+\gamma_{D上}' h_D=80.1\ \text{kPa}+(19.2-10)\times2.5\ \text{kPa}=103.1\ \text{kPa}$

D 点下:$\sigma_{czD下}=\gamma_B h_B+\gamma_C' h_C+\gamma_{satD下} h_D=80.1\ \text{kPa}+19.2\times2.5\ \text{kPa}=128.1\ \text{kPa}$

E 点:$\sigma_{czE}=\gamma_B h_B+\gamma_C' h_C+\gamma_{satD下} h_D+\gamma_{satE} h_E=128.1\ \text{kPa}+22\times2\ \text{kPa}=172.1\ \text{kPa}$

2.2 基底压力计算

2.2.1 基底压力的分布规律

建筑物的荷载是通过它的基础传给地基的。因此,基底压力的大小和分布状况,将对地基内部的附加应力有着十分重要的影响;而基底压力的大小和分布状况,又与荷载的大小和分布、基础的刚度、基础的埋置深度以及土的性质等多种因素有关。

(1)对于刚性很小的基础和柔性基础

基底压力大小和分布状况与作用在基础上的荷载大小和分布状况相同(因为刚度很小,在垂直荷载作用下几乎无抗弯能力,而随地基一起变形)。

(2)对于刚性基础

基底压力分布将随上部荷载的大小、基础的埋置深度和土的性质而异。实测资料表明,刚性基础基底的压力分布形状大致有图 2-5 所示的几种情况。

根据经验,当基础的宽度不太大,而荷载较小的情况下,基底压力分布近似地按直线变化的假定(弹性理论中圣维南原理,影响区域小),误差小,也是工程中经常采用的简化

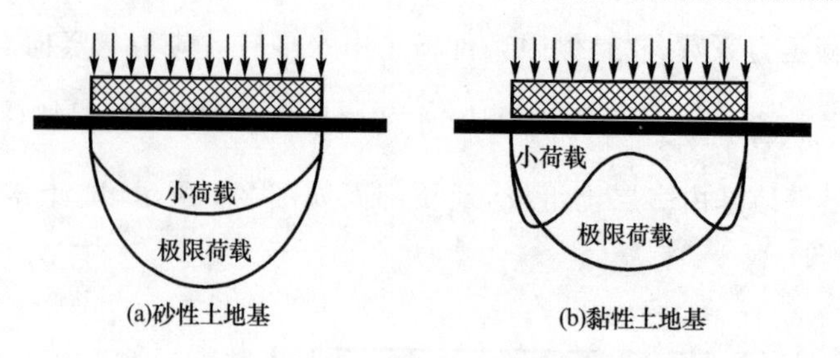

图 2-5 刚性基础基底压力分布图

计算方法。按材料力学求解，地基反力按直线分布计算。

2.2.2 基底压力的简化计算

1. 竖向中心荷载作用下的基底压力

如图 2-6 所示，若矩形基底长度为 l，宽度为 b，其上作用着竖向中心荷载 F，地面以下基础及其台阶上的土的重量为 G，通常取其平均重度 γ_G 为 20 kN/m³，基底平均压力值为

$$p=\frac{F+G}{A}=\frac{F+G}{lb} \tag{2-3}$$

若基础为长条形($l/b\geqslant 10$)，则在长度方向截取 1 m 进行计算，此时基底平均压力为

$$p=\frac{F+G}{b}$$

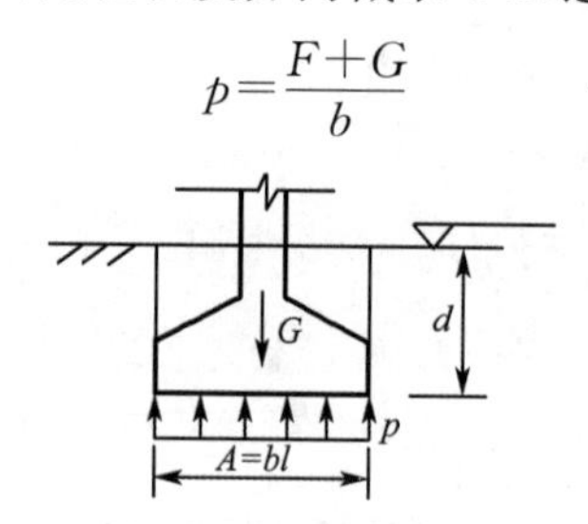

图 2-6 竖向中心荷载作用下基底压力分布

2. 竖向偏心荷载作用下的基底压力

如图 2-7 所示，当单向竖向偏心荷载作用于矩形基础时，则任意点的基底压力，可按材料力学偏心受压的公式进行计算，即

$$p_{\substack{max\\min}}=\frac{F+G}{A}\pm\frac{M}{W}=\frac{F+G}{A}\left(1\pm\frac{6e}{l}\right) \tag{2-5}$$

式中 p_{max}、p_{min}——基础最大、最小边缘压力，kPa；

e——地基反力的偏心距，m；

M——作用于基础底面的力矩，$M=(F+G)e$，kN·m；

W——基础底面的抵抗矩，$W=\frac{bl^2}{6}$，m³；

l、b——矩形基础的长度和宽度，m。

当 $e<\frac{l}{6}$ 时，称为小偏心受压，基底压力分布为梯形分布(图 2-7(b))；当 $e=\frac{l}{6}$ 时，是截面核心边界，称为临界偏心受压，基底压力分布为三角形分布(图 2-7(a))；当 $e>\frac{l}{6}$ 时，

称为大偏心受压，此时计算得到基底压力一端为负值，即为拉力(图 2-7(c))，而实际上由于基础与地基之间不能受拉力，此时基础底面将部分和地基土脱离(应避免)，基底实际压力分布如图 2-7(d)所示的三角形。在这种情况下，基底三角形压力的合力必定与外荷载$(F+G)$大小相等、方向相反而互相平衡，由此得出边缘最大压力 p_{max}的计算公式如下，即

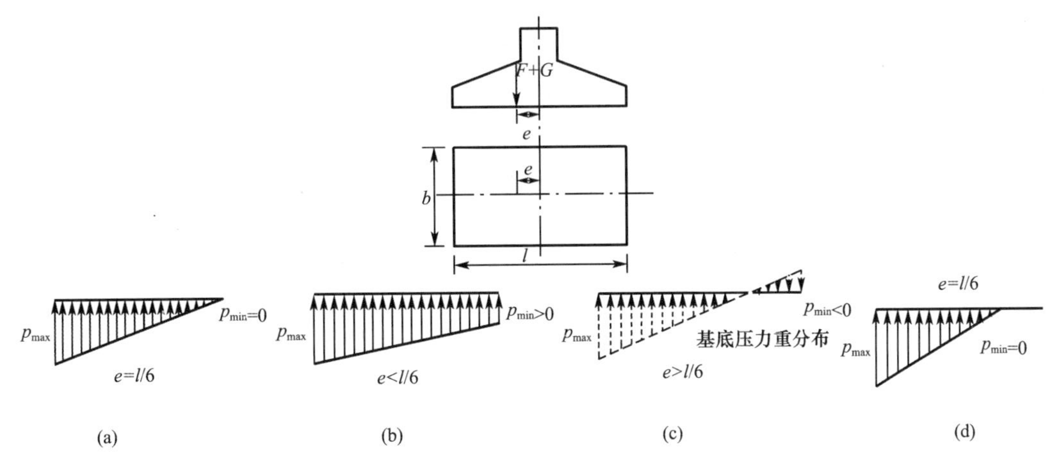

图 2-7 竖向偏心荷载作用下基底压力分布

$$p_{max}=\frac{2(F+G)}{3ba} \tag{2-6}$$

式中，a 为偏心荷载作用点(地基反力三角形的重心处)至最大压力 p_{max}作用边缘的距离，$a=\frac{l}{2}-e$，m。

一般而言，工程上不允许基底出现拉力，因此，在设计基础尺寸时，应使合力偏心矩满足 $e<\frac{l}{6}$的条件，以策安全。为了减少因地基应力不均匀而引起过大的不均匀沉降，通常要求：$p_{min}^{max}\leqslant 2.5\sim 3.0$；对压缩性大的黏性土应采取小值；对压缩性小的无黏性土，可用大值。

对于条形基础$(l/b\geqslant 10)$，b 为条形基础宽度，l 为条形基础长度，沿长度方向取 1 m 作为计算单元，即

$$p_{min}^{max}=\frac{F+G}{b}\left(1\pm\frac{6e}{b}\right) \tag{2-7}$$

2.3 地基中的附加应力计算

2.3.1 集中荷载作用下的附加应力计算

1. 布辛奈斯克解

在弹性半空间表面上作用一个竖向集中力时，半空间内任意点所引起的应力和位移的弹性力学解是由法国数学家丁・布辛奈斯克(Boussinesq，1885 年)做出的，如图 2-8 所示。

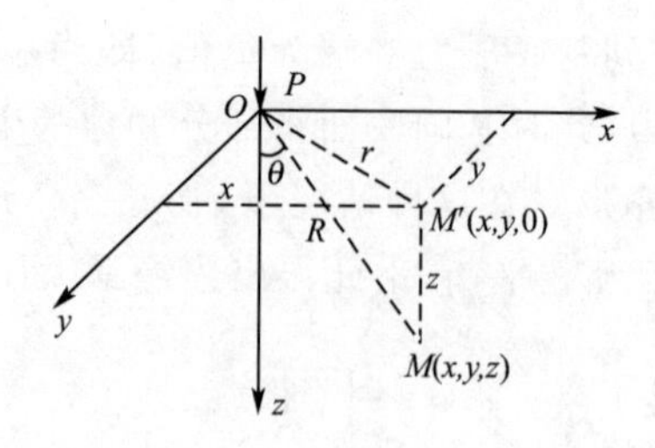

图 2-8　半无限弹性体在竖向集中力作用下的附加应力

在半空间内任意一点 $M(x,y,z)$ 处的六个应力分量和三个位移分量的解答如下，即

$$\sigma_x=\frac{3P}{2\pi}\left[\frac{x^2 z}{R^5}+\frac{1-2\upsilon}{3}\left(\frac{R^2-Rz-z^2}{R^3(R+z)}-\frac{x^2(2R+z)}{R^3(R+z)^2}\right)\right] \tag{2-8a}$$

$$\sigma_y=\frac{3P}{2\pi}\left[\frac{y^2 z}{R^5}+\frac{1-2\upsilon}{3}\left(\frac{R^2-Rz-z^2}{R^3(R+z)}-\frac{y^2(2R+z)}{R^3(R+z)^2}\right)\right] \tag{2-8b}$$

$$\sigma_z=\frac{3P}{2\pi}\frac{z^3}{R^5}=\frac{3P}{2\pi R^2}\cos^3\theta \tag{2-8c}$$

$$\tau_{xy}=\tau_{yx}=\frac{3P}{2\pi}\left[\frac{xyz}{R^5}-\frac{1-2\upsilon}{3}\frac{xy(2R+z)}{R^3(R+z)^2}\right] \tag{2-9a}$$

$$\tau_{yz}=\tau_{zy}=\frac{3P}{2\pi}\frac{yz^2}{R^5}=\frac{3Py}{2\pi R^3}\cos^2\theta \tag{2-9b}$$

$$\tau_{zx}=\tau_{xz}=\frac{3P}{2\pi}\frac{xz^2}{R^5}=\frac{3Px}{2\pi R^3}\cos^2\theta \tag{2-9c}$$

$$u=\frac{P(1+\upsilon)}{2\pi E}\left[\frac{xz}{R^3}-(1-2\upsilon)\frac{x}{R(R+z)}\right] \tag{2-10a}$$

$$v=\frac{P(1+\upsilon)}{2\pi E}\left[\frac{yz}{R^3}-(1-2\upsilon)\frac{y}{R(R+z)}\right] \tag{2-10b}$$

$$w=\frac{P(1+\upsilon)}{2\pi E}\left[\frac{z^2}{R^3}+2(1-\upsilon)\frac{1}{R}\right] \tag{2-10c}$$

式中　σ_x、σ_y、σ_z——分别表示平行于 x、y、z 坐标轴的正应力；

τ_{xy}、τ_{yz}、τ_{zx}——剪应力，其中前一个脚标表示与它作用的微面的法线方向平行的坐标轴，后一个脚标表示与它作用方向平行的坐标轴；

u、v、w——M 点分别沿坐标轴 x、y、z 方向的位移；

P——作用于坐标原点 O 的竖向集中力；

R——M 点至坐标原点 O 的距离，$R=\sqrt{x^2+y^2+z^2}=\sqrt{r^2+z^2}=z/\cos\theta$；

θ——R 线与 z 坐标轴的夹角；

r——M 点与集中力作用点的水平距离；

E——弹性模量（或土力学中专用的地基变形模量，以 E_0 代之）；

υ——泊松比。

在上述各式中，若 $R=0$，则各式所得结果均为无限大，因此，所选择的计算点不应过于接近集中力的作用点。

以上这些计算应力和位移的公式中，竖向正应力 σ_z 和竖向位移 w 最为常用，以后有关地基附加应力的计算主要是针对 σ_z 而言的。

为了计算方便起见,将 $R=\sqrt{r^2+z^2}$ 代入式(2-8c),得

$$\sigma_z=\frac{3P}{2\pi}\frac{z^3}{(r^2+z^2)^{5/2}}=\frac{3}{2\pi}\frac{1}{[(r/z)^2+1]^{5/2}}\frac{P}{z^2} \tag{2-11}$$

令 $K=\frac{3}{2\pi}\frac{1}{[(r/z)^2+1]^{5/2}}$,则式(2-11)改写为

$$\sigma_z=K\frac{P}{z^2} \tag{2-12}$$

式中,K 为集中荷载作用下的地基竖向附加应力系数,r/z 值查表 2-1。

表 2-1 集中荷载作用下的地基竖向附加应力系数 K

r/z	K	r/z	K	r/z	K	r/z	K	r/z	K
0	0.477 5	0.50	0.273 3	1.00	0.084 4	1.50	0.025 1	2.00	0.008 5
0.05	0.474 5	0.55	0.246 6	1.05	0.074 4	1.55	0.022 4	2.20	0.005 8
0.10	0.465 7	0.60	0.221 4	1.10	0.065 8	1.60	0.020 0	2.40	0.004 0
0.15	0.451 6	0.65	0.197 8	1.15	0.058 1	1.65	0.017 9	2.60	0.002 9
0.20	0.432 9	0.70	0.176 2	1.20	0.051 3	1.70	0.016 0	2.80	0.002 1
0.25	0.410 3	0.75	0.156 5	1.25	0.045 4	1.75	0.014 4	3.00	0.001 5
0.30	0.384 9	0.80	0.138 6	1.30	0.040 2	1.80	0.012 9	3.50	0.000 7
0.35	0.357 7	0.85	0.122 6	1.35	0.035 7	1.85	0.011 6	4.00	0.000 4
0.40	0.329 4	0.90	0.108 3	1.40	0.031 7	1.90	0.010 5	4.50	0.000 2
0.45	0.301 1	0.95	0.095 6	1.45	0.028 2	1.95	0.009 5	5.00	0.000 1

当有若干个竖向荷载 $P_i(i=1,2,\cdots,n)$ 作用在地基表面时,按叠加原理,地面下 z 深度处某点 M 的附加应力 σ_z 为

$$\sigma_z=\sum_{i=1}^{n}K_i\frac{P_i}{z^2}=\frac{1}{z^2}\sum_{i=1}^{n}K_iP_i \tag{2-13}$$

式中,K_i 为第 i 个集中荷载下的竖向附加应力系数,按 r_i/z 由表 2-1 查得,其中 r_i 是第 i 个集中荷载作用点到 M 点的水平距离。

2. 等代荷载法

建筑物的荷载是通过基础作用于地基之上的,而基础总是具有一定的面积,因此,理论上的集中荷载实际上是没有的。等代荷载法是将荷载面(或基础底面)划分成若干个形状规则(如矩形)的面积单元(A_i),每个单元上的分布荷载(p_iA_i)近似地以作用在该单元面积形心上的集中力($P_i=p_iA_i$)来代替(图 2-9),这样就按式(2-13)可以计算地基中某一点 M 处的附加应力。由于集中力作用点附近的 σ_z 为无穷大,故这种方法不适用于过于靠近荷载面的计算点,其计算精度的高低取决于单元面积的大小,单元划分越细,计算精度越高。

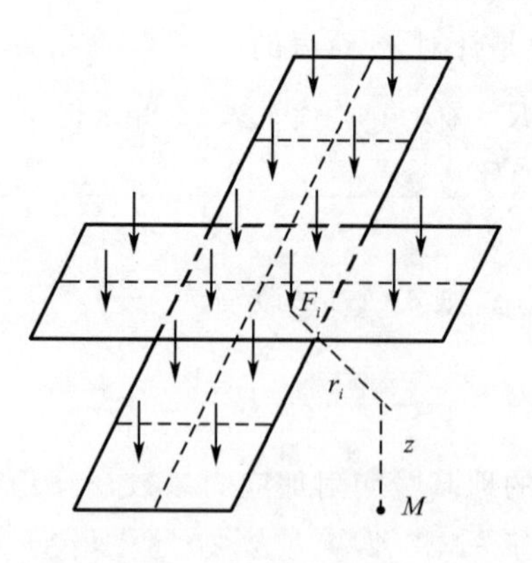

图 2-9 等代荷载法

2.3.2 矩形面积上各种分布荷载作用下的附加应力计算

1. 均布的矩形荷载

轴心受压柱基础的基底附加应力即属于均布矩形荷载这一情况。这类问题的求解方法一般是先以积分法求得矩形荷载角点下的地基附加应力，然后运用角点法求得矩形荷载下任意一点的地基附加应力。如图 2-10 所示，矩形荷载面的长度和宽度分别为 l 和 b，竖向均布荷载为 p_0。从荷载面内取一微面积 $dxdy$，并将其上的分布荷载以集中力 p_0dxdy 来代替，则由此集中力所产生的角点 O 下任意深度 z 处 M 点的竖向附加应力 dx，可由式(2-8c)求得

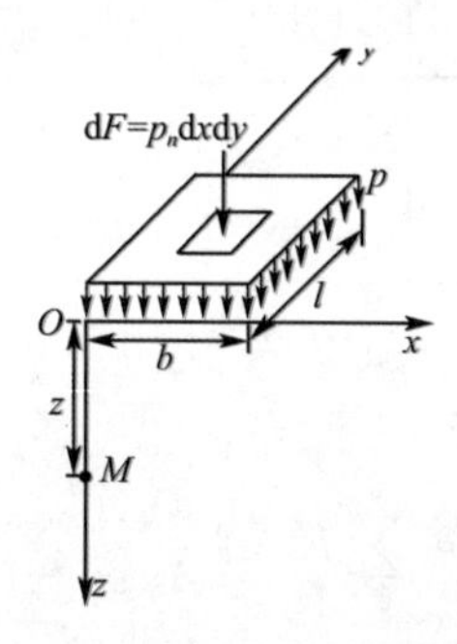

图 2-10 均布矩形荷载角点下的附加应力 σ_z

$$d\sigma_z=\frac{3}{2\pi}\frac{p_0z^3}{(x^2+y^2+z^2)^{5/2}}dxdy \tag{2-14}$$

对整个矩形面积积分，得

$$\begin{aligned}\sigma_z&=\iint_A d\sigma_z=\frac{3p_0z^3}{2\pi}\int_0^l\int_0^b\frac{1}{(x^2+y^2+z^2)^{5/2}}dxdy\\&=\frac{p_0}{2\pi}\left[\frac{lbz(l^2+b^2+2z^2)}{(l^2+z^2)(b^2+z^2)\sqrt{l^2+b^2+z^2}}+\arctan\frac{lb}{z\sqrt{l^2+b^2+z^2}}\right]\end{aligned} \tag{2-15}$$

令 $$K_c=\frac{1}{2\pi}\left[\frac{lbz(l^2+b^2+2z^2)}{(l^2+z^2)(b^2+z^2)\sqrt{l^2+b^2+z^2}}+\arctan\frac{lb}{z\sqrt{l^2+b^2+z^2}}\right]$$

得 $$\sigma_z=K_c p_0 \tag{2-16}$$

若令 $m=l/b,n=z/b$,则

$$K_c=\frac{1}{2\pi}\left[\frac{mn(m^2+2n^2+1)}{(m^2+n^2)(1+n^2)\sqrt{m^2+n^2+1}}+\arctan\frac{m}{n\sqrt{m^2+n^2+1}}\right]$$

式中,K_c 为均布矩形荷载角点下的竖向附加应力系数,按 m 及 n 值由表 2-2 查得。

实际计算中,常会遇到计算点不位于矩形荷载面角点下的情况。这时可以通过作辅助线把荷载面分成若干个矩形面积,而计算点正好位于这些矩形面积的角点下,这样就可以应用式(2-16)及力的叠加原理来求解。这种方法称为角点法。

下面分四种情况(图 2-11,计算点在图中 O 点以下任意深度处)说明角点法的具体应用。

(1)O 点在荷载面边缘

过 O 点作辅助线 Oe,将荷载面分成Ⅰ、Ⅱ两块,由叠加原理,有

$$\sigma_z=(K_{c1}+K_{c2})p_0$$

式中,K_{c1}、K_{c2} 分别为按两块小矩形面积Ⅰ和Ⅱ查得的角点附加应力系数。

(2)O 点在荷载面内

作两条辅助线将荷载面分成Ⅰ、Ⅱ、Ⅲ和Ⅳ共四块面积。于是

$$\sigma_z=(K_{c1}+K_{c2}+K_{c3}+K_{c4})p_0$$

如果 O 点位于荷载面中心,则 $K_{c1}=K_{c2}=K_{c3}=K_{c4}$,可得 $\sigma_z=4K_{c1}p_0$,此即为利用角点法求基底中心点下 σ_z 的解,亦可直接查中点附加应力系数(略)。

(3)O 点在荷载面边缘外侧

将荷载面 $abcd$ 看成Ⅰ$(Ofbg)$－Ⅱ$(Ofah)$＋Ⅲ$(Oecg)$－Ⅳ$(Oedh)$,则

$$\sigma_z=(K_{c1}-K_{c2}+K_{c3}-K_{c4})p_0$$

(4)O 点在荷载面角点外侧

将荷载面看成Ⅰ$(Ohce)$－Ⅱ$(Ohbf)$－Ⅲ$(Ogde)$＋Ⅳ$(Ogaf)$,则

$$\sigma_z=(K_{c1}-K_{c2}-K_{c3}+K_{c4})p_0$$

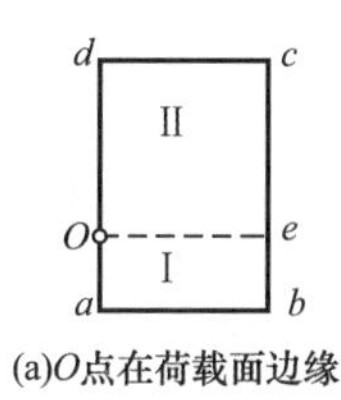

(a)O点在荷载面边缘

(b)O点在荷载面内

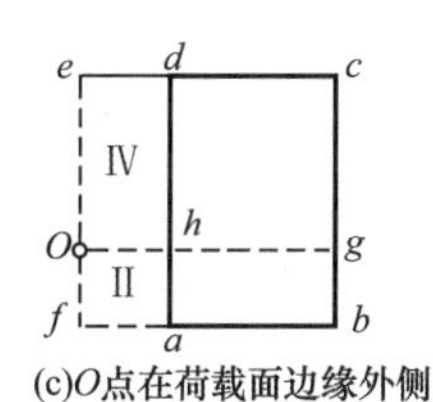

(c)O点在荷载面边缘外侧

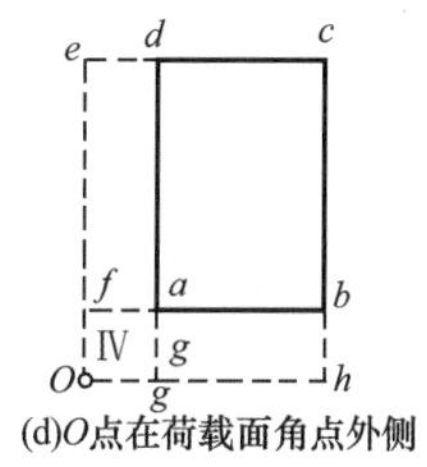

(d)O点在荷载面角点外侧

图 2-11 以角点法计算均布矩形荷载面 O 点下的地基附加应力

表 2-2　　均布矩形荷载角点下的竖向附加应力系数 K_c

z/b \ l/b	1.0	1.2	1.4	1.6	1.8	2.0	3.0	4.0	5.0	6.0	10.0	条形
0	0.250 0	0.250 0	0.250 0	0.250 0	0.250 0	0.250 0	0.250 0	0.250 0	0.250 0	0.250 0	0.250 0	0.250 0
0.2	0.248 5	0.248 9	0.249 0	0.249 1	0.249 1	0.249 2	0.249 2	0.249 2	0.249 2	0.249 2	0.249 2	0.249 2
0.4	0.240 1	0.242 0	0.242 9	0.243 4	0.243 7	0.243 9	0.244 2	0.244 3	0.244 3	0.244 3	0.244 3	0.244 3
0.6	0.222 9	0.227 5	0.230 0	0.231 5	0.232 4	0.232 9	0.233 9	0.234 1	0.234 2	0.234 2	0.234 2	0.234 2
0.8	0.199 9	0.207 5	0.212 0	0.214 7	0.216 5	0.217 6	0.219 6	0.220 0	0.220 2	0.220 2	0.220 2	0.220 3
1.0	0.175 2	0.185 1	0.191 1	0.195 5	0.198 1	0.199 9	0.203 4	0.204 2	0.204 4	0.204 5	0.204 6	0.204 6
1.2	0.151 6	0.162 6	0.170 5	0.175 8	0.179 3	0.181 8	0.187 0	0.188 2	0.188 5	0.188 7	0.188 8	0.188 9
1.4	0.130 8	0.142 3	0.150 8	0.156 9	0.161 3	0.164 4	0.171 2	0.173 0	0.173 5	0.173 8	0.174 0	0.174 0
1.6	0.112 3	0.124 1	0.132 9	0.139 6	0.144 5	0.148 2	0.156 7	0.159 0	0.159 8	0.160 1	0.160 4	0.160 5
1.8	0.096 9	0.108 3	0.117 2	0.124 1	0.129 4	0.133 4	0.143 4	0.146 3	0.147 4	0.147 8	0.148 2	0.148 3
2.0	0.084 0	0.094 7	0.103 4	0.110 3	0.115 8	0.120 2	0.131 4	0.135 0	0.136 3	0.136 8	0.137 4	0.137 5
2.2	0.073 2	0.082 3	0.091 7	0.098 4	0.103 9	0.108 4	0.120 5	0.124 8	0.126 4	0.127 1	0.127 7	0.127 9
2.4	0.064 2	0.073 4	0.081 3	0.087 9	0.093 4	0.097 9	0.110 8	0.115 6	0.117 5	0.118 4	0.119 2	0.119 4
2.6	0.056 6	0.065 1	0.072 5	0.078 8	0.084 2	0.088 7	0.102 0	0.107 3	0.109 5	0.110 6	0.111 6	0.111 8
2.8	0.050 2	0.058 0	0.064 9	0.070 9	0.076 1	0.080 5	0.094 2	0.099 9	0.102 4	0.103 6	0.104 8	0.105 0
3.0	0.044 7	0.051 9	0.058 0	0.064 0	0.069 0	0.073 2	0.087 0	0.093 1	0.095 9	0.097 3	0.098 7	0.099 0
3.2	0.040 1	0.046 7	0.052 6	0.058 0	0.062 7	0.066 8	0.080 6	0.087 0	0.090 0	0.091 6	0.093 3	0.093 5
3.4	0.036 1	0.042 1	0.047 7	0.052 7	0.057 1	0.081 1	0.074 7	0.081 4	0.084 7	0.086 4	0.088 2	0.088 6
3.6	0.032 6	0.038 2	0.043 3	0.048 0	0.052 3	0.056 1	0.069 4	0.076 3	0.079 9	0.081 6	0.083 0	0.084 2
3.8	0.029 6	0.034 8	0.039 5	0.043 9	0.047 9	0.051 6	0.064 6	0.071 7	0.075 3	0.077 3	0.079 6	0.080 2
4.0	0.027 0	0.031 8	0.036 2	0.043 0	0.044 1	0.047 4	0.060 3	0.067 4	0.071 2	0.073 3	0.075 8	0.076 5
4.2	0.024 7	0.029 1	0.033 3	0.037 1	0.040 7	0.043 9	0.056 3	0.063 4	0.067 4	0.069 6	0.072 4	0.073 1
4.4	0.022 7	0.026 8	0.030 6	0.034 3	0.037 6	0.040 7	0.052 7	0.059 7	0.063 9	0.066 2	0.069 2	0.070 0
4.6	0.020 9	0.024 7	0.028 3	0.031 7	0.034 8	0.037 8	0.049 3	0.056 4	0.060 6	0.063 0	0.066 3	0.067 1
4.8	0.019 3	0.022 9	0.026 2	0.029 4	0.032 4	0.035 2	0.046 3	0.053 3	0.057 6	0.060 1	0.063 5	0.064 5
5.0	0.017 9	0.021 2	0.024 3	0.027 4	0.030 2	0.032 8	0.043 5	0.050 4	0.054 7	0.057 3	0.061 0	0.062 0
6.0	0.012 7	0.015 1	0.017 4	0.019 6	0.021 8	0.023 8	0.032 5	0.038 8	0.043 1	0.046 0	0.050 6	0.052 1
7.0	0.009 4	0.011 2	0.013 0	0.014 7	0.016 4	0.018 0	0.025 1	0.030 6	0.034 6	0.037 6	0.042 8	0.044 9
8.0	0.007 3	0.008 7	0.010 1	0.011 4	0.012 7	0.014 0	0.019 8	0.024 6	0.028 3	0.031 1	0.036 7	0.039 4
9.0	0.005 8	0.006 9	0.008 0	0.009 1	0.010 2	0.011 2	0.016 1	0.020 2	0.023 5	0.026 2	0.031 9	0.035 1
10.0	0.004 7	0.005 6	0.006 5	0.007 4	0.008 3	0.009 2	0.013 2	0.016 8	0.019 8	0.022 2	0.028 0	0.031 6

（续表）

z/b \ l/b	1.0	1.2	1.4	1.6	1.8	2.0	3.0	4.0	5.0	6.0	10.0	条形
12.0	0.003 3	0.003 9	0.004 6	0.005 2	0.005 8	0.006 4	0.009 4	0.012 1	0.014 5	0.016 5	0.021 9	0.026 4
14.0	0.002 4	0.002 9	0.003 4	0.003 8	0.004 3	0.004 8	0.007 0	0.009 1	0.011 0	0.012 7	0.017 5	0.022 7
16.0	0.001 9	0.002 2	0.002 6	0.002 9	0.003 3	0.003 7	0.005 4	0.007 1	0.008 6	0.010 0	0.014 3	0.019 8
18.0	0.001 5	0.001 8	0.002 0	0.002 3	0.002 6	0.002 9	0.004 3	0.005 6	0.006 9	0.008 1	0.011 8	0.017 6
20.0	0.001 2	0.001 4	0.001 7	0.001 9	0.002 1	0.002 4	0.003 5	0.004 6	0.005 7	0.006 7	0.009 9	0.015 9

【例题 2-2】 有两相邻基础 A 和 B，其尺寸、相对位置及基底附加应力分布如图 2-12 所示，若考虑相邻荷载的影响，试求 A 基础底面中心点 O 下 2 m 处的竖向附加应力。

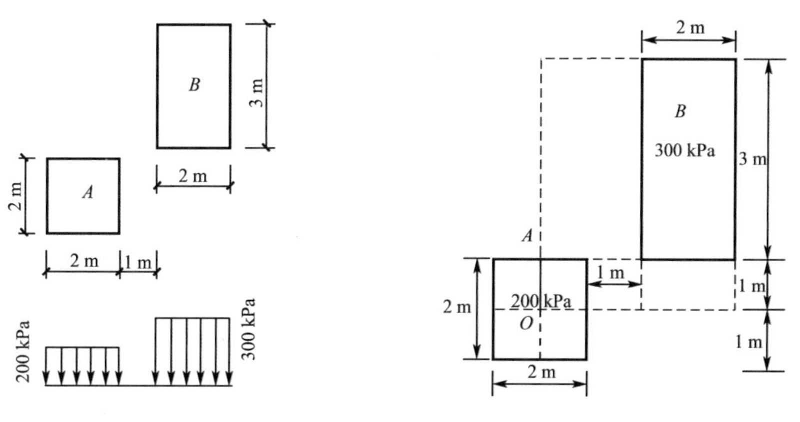

图 2-12 例题 2-2 图

图 2-13 A 基础底面中心点 O 下竖向附加应力计算

解：(1)计算 A 基础引起中心点 O 下的附加应力

如图 2-13 所示将 A 基础矩形面积沿中心点 O 划分为四个相等的矩形，$l=b=1$ m，将这四个矩形面积角点 O 下的附加应力相加得到 A 基础中心点下的附加应力，即

$$\sigma_{zA}=4K_c P_A$$

据 $l/b=1$，$z/b=2$，查表 2-2 得 $K_c=0.084\,0$，得到

$$\sigma_z=4K_c P_A=4\times 0.084\,0\times 200\ \text{kPa}=67.2\ \text{kPa}$$

(2)计算 B 基础引起 A 基础中心点 O 下的附加应力如图 2-13 所示，可按角点外的附加应力计算方法计算，即

$$\sigma_{zB}=(K_{c1}-K_{c2}-K_{c3}+K_{c4})P_B$$

矩形 1：$l=4$ m，$b=4$ m；据 $l/b=1$，$z/b=0.5$，查表 2-2 可得

$$K_{c1}=0.231\,5$$

矩形 2：$l=4$ m，$b=2$ m；据 $l/b=2$，$z/b=1$，查表 2-2 可得

$$K_{c2}=0.199\,9$$

矩形 3：$l=4$ m，$b=1$ m；据 $l/b=4$，$z/b=2$，查表 2-2 可得

$$K_{c3}=0.135\,0$$

矩形 4：$l=2$ m，$b=1$ m；据 $l/b=2$，$z/b=2$，查表 2-2 可得

$$K_{c4}=0.1202$$

$$\sigma_{zB}=(K_{c1}-K_{c2}-K_{c3}+K_{c4})P_B$$
$$=(0.2315-0.1999-0.1350+0.1202)\times 300\text{ kPa}=5.04\text{ kPa}$$

(3)A 基础底面中心竖向三角形分布荷载作用时角点以下的竖向附加应力为

$$\sigma_z=67.2\text{ kPa}+5.04\text{ kPa}=72.24\text{ kPa}$$

2. 三角形分布的矩形荷载

设竖向荷载沿矩形面积一边 b 方向上呈三角形分布(沿另一边 l 的荷载分布不变),荷载的最大值为 p_0,取荷载零值边的角点 1 为坐标原点(图 2-14),将荷载面内某点(x,y)处所取微面积 $\mathrm{d}x\mathrm{d}y$ 上的分布荷载以集中力$\frac{x}{b}p_0\mathrm{d}x\mathrm{d}y$ 代替。运用式(2-8c)以积分法可求角点 1 下任意深度 z 处 M 点的竖向附加应力 σ_z 为

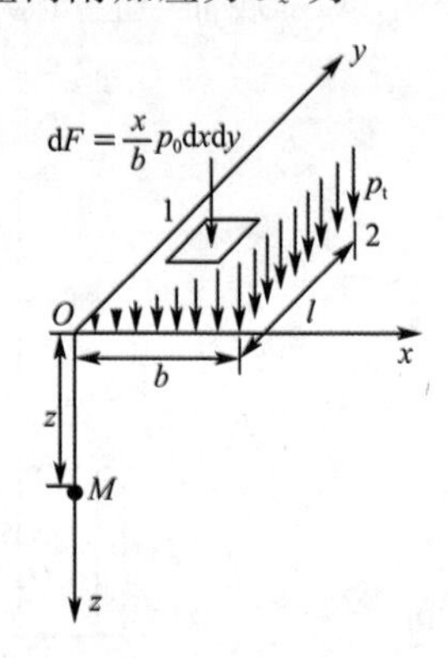

图 2-14 三角形分布矩形荷载角点下的 σ_z

$$\sigma_z=\iint_A \mathrm{d}\sigma_z=\iint_A \frac{3}{2\pi}\frac{p_0xz^3}{b\,(x^2+y^2+z^2)^{5/2}}\mathrm{d}x\mathrm{d}y$$

积分后得

$$\sigma_z=K_{t1}p_0 \tag{2-17}$$

式中,$K_{t1}=\frac{mn}{2\pi}\left[\frac{1}{\sqrt{m^2+n^2}}-\frac{n^2}{(1+n^2)\sqrt{m^2+n^2+1}}\right]$。

同理,还可求得荷载最大值边的角点 2 下任意深度 z 处的竖向附加应力 σ_z 为

$$\sigma_z=K_{t2}p_0 \tag{2-18}$$

K_{t1}和 K_{t2} 均为 $m=l/b$ 和 $n=z/b$ 的函数,其值可参见《建筑地基基础设计规范》(GB 50007—2011)。注意 b 是沿三角形分布方向的边长。

应用上述均布和三角形分布的矩形荷载角点下的附加应力系数 K_c、K_{t1}、K_{t2},即可用角点法求算梯形分布或三角形分布时地基中任意点的竖向附加应力 σ_z 值,亦可求算条形荷载面时(取 $m\geqslant 10$)的地基附加应力。若计算正好位于荷载面 b 边方向的中点(l 边方向可任意)之下,则不论是梯形分布还是三角形分布的荷载,中点处的荷载值均可以按均布荷载情况计算。

2.3.3 条形面积上各种分布荷载作用下的附加应力计算

在建筑工程中,无限长的荷载是没有的,但在使用表 2-2 的过程中可以发现,当矩形

荷载面积的长宽比 $l/b \geqslant 10$ 时，矩形面积角点下的地基附加应力计算值与按 $l/b=\infty$ 时的解相比误差很小。因此，诸如柱下或墙下条形基础、挡土墙基础、路基、坝基等，常常可视为条形荷载，按平面问题求解。为了求得条形荷载下的地基附加应力，下面先介绍线荷载作用下的解答。

1. 线荷载

如图 2-15 所示，线荷载是作用在地基表面上一条无限长直线上的均布荷载。

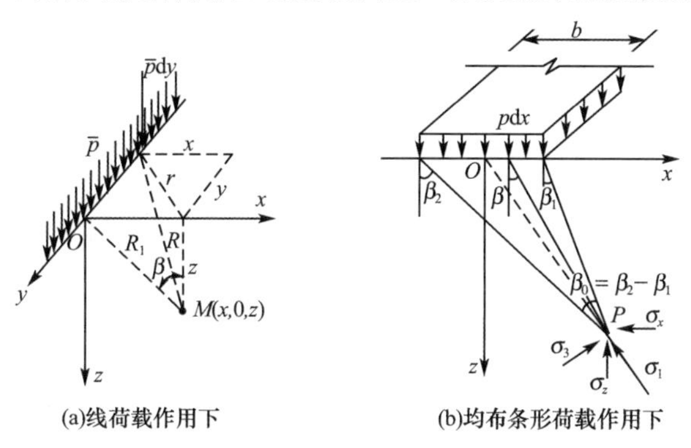

图 2-15 地基附加应力的平面问题

设竖向线荷载 $\bar{p}$(kN/m)作用在 y 坐标轴上，沿 y 轴截取一微分段 dy，将其上作用的线荷载以集中力 $\mathrm{d}P=\bar{p}\mathrm{d}y$ 代替，从而利用式(2-8c)可求得地基中任意点 M 处由 dP 引起的竖向附加应力 $\mathrm{d}\sigma_z$，再通过积分，即可求得 M 点的 σ_z 为

$$\sigma_z=\frac{2\bar{p}z^3}{\pi R_1^4}=\frac{2\bar{p}}{\pi R_1}\cos^3\beta \tag{2-19}$$

同理

$$\sigma_x=\frac{2\bar{p}x^2z}{\pi R_1^4}=\frac{2\bar{p}}{\pi R_1}\cos\beta\sin^2\beta \tag{2-20}$$

$$\tau_{xz}=\tau_{zx}=\frac{2\bar{p}xz^2}{\pi R_1^4}=\frac{2\bar{p}}{\pi R_1}\cos^2\beta\sin\beta \tag{2-21}$$

由于线荷载沿 y 轴均匀分布而且无限延伸，因此，与 y 轴垂直的任何平面上的应力状态都完全相同，且

$$\tau_{xy}=\tau_{yx}=\tau_{yz}=\tau_{zy}=0 \tag{2-22}$$

$$\sigma_y=\upsilon(\sigma_x+\sigma_z) \tag{2-23}$$

2. 均布的条形荷载

均布的条形荷载是沿宽度方向(图 2-15(b)中 x 轴方向)和长度方向均匀分布，而长度方向为无限长的荷载。沿 x 轴取一宽度为 dx 长为无限长的微分段，作用于其上的荷载以线荷载 $\bar{p}=p_0\mathrm{d}x$ 代替，运用式(2-19)并作积分，可求得地基中任意点 M 处的竖向附加应力为(用极坐标表示)

$$\sigma_z=\frac{p_0}{\pi}[\sin\beta_2\cos\beta_2-\sin\beta_1\cos\beta_1+(\beta_2-\beta_1)] \tag{2-24}$$

同理可得

$$\sigma_x=\frac{p_0}{\pi}[-\sin(\beta_2-\beta_1)\cos(\beta_2+\beta_1)+(\beta_2-\beta_1)] \tag{2-25}$$

$$\tau_{xz}=\tau_{zx}=\frac{p_0}{\pi}(\sin^2\beta_2-\sin^2\beta_1) \tag{2-26}$$

上述各式中当点 M 位于荷载分布宽度两端点竖直线之间时，β_1 取负值。

将式(2-24)、式(2-25)和式(2-26)代入下列材料力学公式，可以求得 M 点的大主应力 σ_1 与小主应力 σ_3 为

$$\left.\begin{matrix}\sigma_1\\ \sigma_3\end{matrix}\right\}=\frac{\sigma_z+\sigma_x}{2}\pm\sqrt{\left(\frac{\sigma_z-\sigma_x}{2}\right)^2+\tau_{xz}^2}=\frac{p_0}{\pi}[(\beta_2-\beta_1)\pm\sin(\beta_2-\beta_1)] \tag{2-27}$$

设 β_0 为点 M 与条形荷载两端连线的夹角，即 $\beta_0=\beta_2-\beta_1$，于是式(2-27)成为

$$\left.\begin{matrix}\sigma_1\\ \sigma_3\end{matrix}\right\}=\frac{p_0}{\pi}(\beta_0\pm\sin\beta_0) \tag{2-28}$$

σ_1 的作用方向与 β_0 角的平分线一致。

β_0、β_1、β_2 在上述各式中若单独出现则以弧度为单位，其余以度为单位。

为了计算方便，现改用直角坐标表示。取条形荷载的中点为坐标圆点，则有

$$\sigma_z=\frac{p_0}{\pi}\left[\arctan\frac{1-2n}{2m}+\arctan\frac{1+2n}{2m}-\frac{4m(4n^2-4m^2-1)}{(4n^2+4m^2-1)^2+16m^2}\right]=k_{sz}p_0 \tag{2-29}$$

$$\sigma_x=\frac{p_0}{\pi}\left[\arctan\frac{1-2n}{2m}+\arctan\frac{1+2n}{2m}+\frac{4m(4n^2-4m^2-1)}{(4n^2+4m^2-1)^2+16m^2}\right]=k_{sx}p_0 \tag{2-30}$$

$$\tau_{xz}=\tau_{zx}=\frac{p_0}{\pi}\frac{32m^2n}{(4n^2+4m^2-1)^2+16m^2}=k_{sxz}p_0 \tag{2-31}$$

以上式中 k_{sz}、k_{sx} 和 k_{sxz} 分别为均布条形荷载下相应的三个附加应力系数，都是 $m=z/b$ 和 $n=x/b$ 的函数，可由表 2-3 查得。

表 2-3　均布条形荷载下的附加应力系数

z/b	x/b																	
	0.00			0.25			0.50			1.00			1.50			2.00		
	k_{sz}	k_{sx}	k_{sxz}	k_{sz}	k_{sx}	k_{sxz}	k_{sz}	k_{sx}	k_{sxz}	k_{sz}	k_{sx}	k_{sxz}	k_{sz}	k_{sx}	k_{sxz}	k_{sz}	k_{sx}	k_{sxz}
0.00	1.00	1.00	0	1.00	1.00	0	0.50	0.50	0.32	0	0	0	0	0	0	0	0	0
0.25	0.96	0.45	0	0.90	0.39	0.13	0.50	0.35	0.30	0.02	0.17	0.05	0.00	0.07	0.01	0	0.01	0
0.50	0.82	0.18	0	0.74	0.19	0.16	0.18	023	0.26	0.08	0.21	0.13	0.02	0.12	0.04	0	0.07	0.02
0.75	0.67	0.08	0	0.61	0.10	0.13	0.45	0.14	0.21	0.15	0.22	0.16	0.04	0.14	0.07	0.02	0.10	0.05
1.00	0.55	0.04	0	0.51	0.05	0.10	0.41	0.09	0.16	0.19	0.15	0.16	0.07	0.14	0.10	0.03	0.13	0.05
1.25	0.46	0.02	0	0.44	0.03	0.07	0.37	0.06	0.12	0.20	0.11	0.14	0.10	0.12	0.10	0.04	0.11	0.07
1.50	0.40	0.01	0	0.38	0.02	0.06	0.33	0.04	0.10	0.21	0.08	0.13	0.11	0.10	0.10	0.06	0.10	0.07
1.75	0.35	—	0	0.34	0.01	0.04	0.30	0.03	0.08	0.21	0.06	0.11	0.13	0.09	0.10	0.07	0.09	0.08
2.00	0.31	—	0	0.31	—	0.03	0.28	0.02	0.06	0.20	0.05	00.10	0.14	0.07	0.10	0.08	0.08	0.08
3.00	0.21	—	0	0.21	—	0.02	0.20	0.01	0.03	0.17	0.02	0.06	0.13	0.03	0.07	0.10	0.04	0.07

（续表）

z/b	x/b																	
	0.00			0.25			0.50			1.00			1.50			2.00		
	k_{sz}	k_{sx}	k_{sxz}	k_{sz}	k_{sx}	k_{sxz}	k_{sz}	k_{sx}	k_{sxz}	k_{sz}	k_{sx}	k_{sxz}	k_{sz}	k_{sx}	k_{sxz}	k_{sz}	k_{sx}	k_{sxz}
4.00	0.16	—	0	0.16	—	0.01	0.15	—	0.02	0.14	0.01	0.03	0.12	0.02	0.05	0.10	0.03	0.05
5.00	0.13	—	0	0.13	—	—	0.12	—	—	0.12	—	—	0.11	—	—	0.09	—	—
6.00	0.11	—	0	0.10	—	—	0.10	—	—	0.10	—	—	0.10	—	—	—	—	—

【例题 2-3】 某条形地基，如图 2-16 所示。基础上作用荷载 $F=400$ kN/m，$M=20$ kN·m，试求基础中心点下的附加应力，并绘制附加应力分布图。

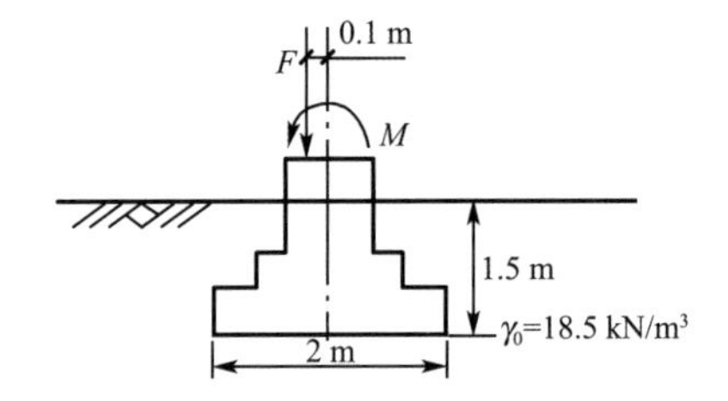

图 2-16 例题 2-3 图

解：(1)计算基底压力

$$e=\frac{M+F\times 0.1}{F+G}=\frac{20+400\times 0.1}{400+20\times 2\times 1\times 1.5}\ \text{m}=0.13\ \text{m}$$

$$p_{\min}^{\max}=\frac{F+G}{b}\left(1\pm\frac{6e}{b}\right)=\frac{400+60}{2}\times\left(1\pm\frac{6\times 0.13}{2}\right)\ \text{kPa}=\begin{matrix}319.7\ \text{kPa}\\140.3\ \text{kPa}\end{matrix}$$

基底压力分布图如图 2-17 所示。

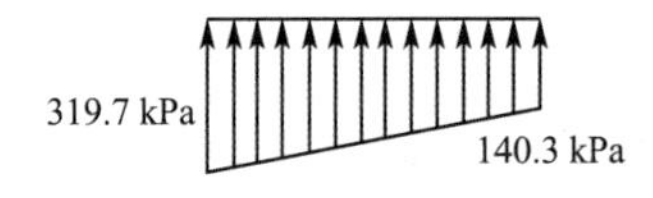

图 2-17 基底压力分布图

(2)计算基底附加应力(图 2-18)

$$p_{0\min}^{0\max}=p_{\min}^{\max}-\gamma_0 d=\begin{matrix}319.7\\140.3\end{matrix}\ \text{kPa}-18.5\times 1.5\ \text{kPa}=\begin{matrix}292.0\ \text{kPa}\\112.6\ \text{kPa}\end{matrix}$$

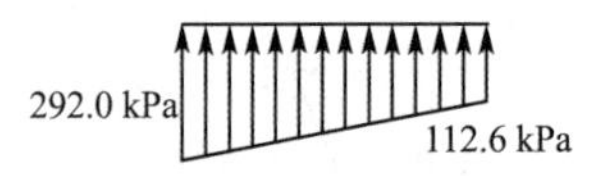

图 2-18 基底附加应力分布图

(3)计算基底中心点下的附加应力

将基底附加应力分解为两部分如图 2-19 所示：一是竖向均布荷载作用形式，即 $p_1=112.6$ kPa；二是竖向三角形荷载作用形式，即 $p_2=179.4$ kPa。再分别计算两种荷载作用下基底中心点下的附加应力值，计算过程见表 2-4：

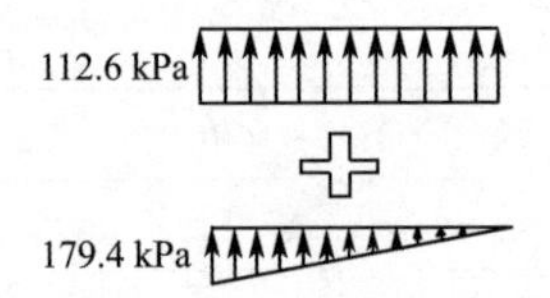

图 2-19 基底附加应力分解图

表 2-4 例题 2-3 计算表

压力形式	x/m	z/m	b/m	x/b	z/b	应力系数	附加应力值	总附加应力值
竖向均布荷载	0	0	2	0	0	1.00	112.6	202.3
	0	0.5	2	0	0.25	0.96	108.096	194.2
	0	1	2	0	0.5	0.82	92.332	165.9
	0	2	2	0	1	0.55	61.93	112.2
	0	3	2	0	1.5	0.40	45.04	80.9
	0	4	2	0	2	0.31	34.906	63.6
竖向三角形荷载	0	0	2	0	0	0.50	89.7	
	0	0.5	2	0	0.25	0.48	86.112	
	0	1	2	0	0.5	0.41	73.554	
	0	2	2	0	1	0.28	50.232	
	0	3	2	0	1.5	0.20	35.88	
	0	4	2	0	2	0.16	28.704	

基底中心点下的附加应力分布图如图 2-20 所示。

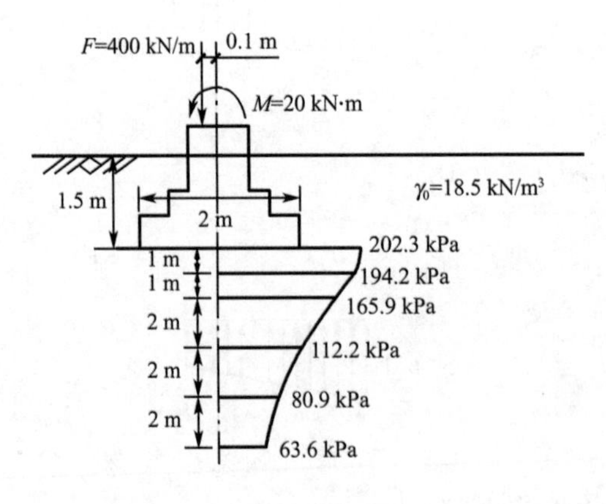

图 2-20 基底中心点下沿深度附加应力分布图

地基中的竖向附加应力 σ_z 具有如下的分布规律：

(1)σ_z 的分布范围相当大，它不仅分布在荷载面积以内，而且还分布到荷载面积以外，这就是所谓的附加应力扩散现象。

(2)在离基础底面(地基表面)不同深度 z 处各个水平面上,以基底中心点下轴线处的 σ_z 为最大,离开中心轴线越远 σ_z 越小。

(3)在荷载分布范围内任意点竖直线上的 σ_z 值,随着深度增大逐渐减小。

(4)方形荷载所引起的 σ_z,其影响深度要比条形荷载小得多。例如,方形荷载中心下 $z=2b$ 处,$\sigma_z\approx0.1p_0$,而在条形荷载下的 $\sigma_z=0.1p_0$,等直线则约在中心下 $z=6b$ 处通过。这一等直线反映了附加应力在地基中的影响范围。在后面章节中还会提到地基主要受力层这一概念,它指的是基础底面至 $\sigma_z=0.2p_0$ 深度处(对条形荷载该深度约为 $3b$,对方形荷载该深度约为 $2.5b$)的这部分土层。建筑物荷载主要由地基的主要受力层承担,而且地基沉降的绝大部分是由这部分土层的压缩所形成的。

σ_x 的影响范围较浅,所以基础下地基土的侧向变形主要发生于浅层;而 τ_{xz} 的最大值出现于荷载边缘,所以位于基础边缘下的土容易发生剪切破坏。

2.3.4 圆形面积竖直均布荷载作用时中心点下的附加应力计算

如图 2-21 所示,半径为 r_0 的圆形荷载面积上作用着竖向均布荷载 p_0。为求荷载面中心点下任意深度 z 处 M 点的 σ_z,可在荷载面积上取微面积 $dA=rd\theta dr$,以集中力 p_0dA 代替微面积上的分布荷载,运用式(2-8c)以积分法求得 σ_z 为

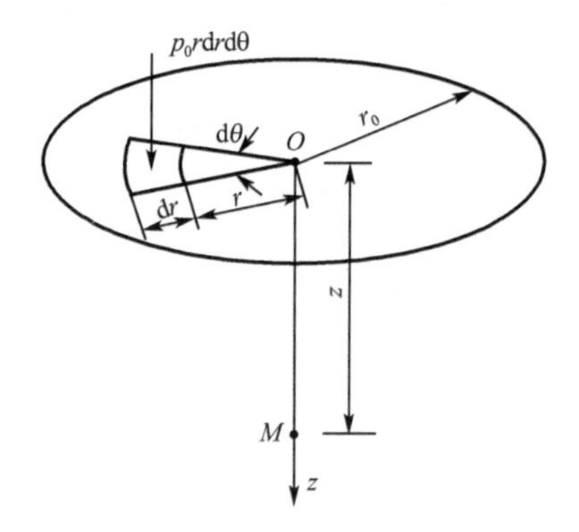

图 2-21 均布圆形荷载中心点下的 σ_z

$$\sigma_z=\iint_A d\sigma_z=\frac{3p_0z^3}{2\pi}\int_0^{2\pi}\int_0^{r_0}\frac{rd\theta dr}{(r^2+z^2)^{5/2}}=p_0\left[1-\frac{z^3}{(r_0^2+z^2)^{3/2}}\right]$$

$$=p_0\left[1-\frac{1}{(r_0^2/z^2+1)^{3/2}}\right]$$

$$=K_r p_0 \tag{2-32}$$

式中,K_r 为均布圆形荷载中心点下的附加应力系数,它是(z/r_0)的函数,由表 2-5 查得。

三角形分布的圆形荷载边点下的附加应力系数值,可参见《建筑地基基础设计规范》(GB 50007—2011)。

表 2-5　　均布圆形荷载中心点下的附加应力系数 K_r

z/r_0	K_r	z/r_0	K_r	z/r_0	K_r	z/r_0	K_r	z/r_0	K_r	z/r_0	K_r
0.0	1.000	0.8	0.756	1.6	0.390	2.4	0.213	3.2	0.130	4.0	0.087
0.1	0.999	0.9	0.701	1.7	0.360	2.5	0.200	3.3	0.124	4.2	0.079
0.2	0.992	1.0	0.646	1.8	0.332	2.6	0.187	3.4	0.117	4.4	0.073
0.3	0.976	1.1	0.595	1.9	0.307	2.7	0.175	3.5	0.111	4.6	0.067
0.4	0.949	1.2	0.547	2.0	0.285	2.8	0.165	3.6	0.106	4.8	0.062
0.5	0.911	1.3	0.502	2.1	0.264	2.9	0.155	3.7	0.101	5.0	0.057
0.6	0.864	1.4	0.461	2.2	0.246	3.0	0.146	3.8	0.096	6.0	0.040
0.7	0.811	1.5	0.424	2.3	0.229	3.1	0.138	3.9	0.091	10.0	0.015

2.3.5　影响土中附加应力分布的因素

1. 非均匀性——成层地基

(1)上层软弱,下层坚硬的成层地基

中轴线附近 σ_z 比均质时明显增大的现象——应力集中;应力集中程度与土层刚度和厚度有关;随 H/B 增大,应力集中现象逐渐减弱。

(2)上层坚硬,下层软弱的成层地基

中轴线附近 σ_z 比均质时明显减小的现象——应力扩散;应力扩散程度与土层刚度和厚度有关;随 H/B 增大,应力扩散现象逐渐减弱。

(3)土的变形模量随深度增大的地基——应力集中现象

地基土的另一种非均质性表现在变形模量 E 随深度逐渐增大,在砂土地基中尤为显著。这是一种连续非均质现象,是由土体在沉积过程中的受力条件决定的。在此情况下沿荷载对称轴上的附加应力较均质体时增大,应力集中的程度与变形模量沿深度变化规律及泊松比有关。

1942 年弗洛列希(O. K Frohlich)提出了在竖向集中力作用下垂直附加应力计算半经验公式。

2. 各向异性地基

E_x 与 E_z 不相等,泊松比相等时:

当 $E_x/E_z<1$ 时,应力集中——E_x 相对较小,不利于应力扩散;

当 $E_x/E_z>1$ 时,应力扩散——E_x 相对较大,有利于应力扩散。

微课 3

土的应力变形特征

2.4　有效应力原理

2.4.1　饱和土中的两种应力

准备甲、乙两个直径与高度完全相同的量筒,在这两个量筒底部放置一层松散的沙土,其质量密度完全相同,如图 2-22 所示。

在甲量筒松砂顶面加若干钢球,使松砂承受 σ 的压力,此时可见松砂顶面下降,表明发生压缩,亦即孔隙比 e 减小。

乙量筒松砂顶面不加钢球,而是小心缓慢地注水,在砂面以上高度 h 处正好使砂层表面也

增加 σ 的压力，结果发现砂层顶面并不下降，表明砂土未发生压缩，亦砂土的孔隙比 e 不变。

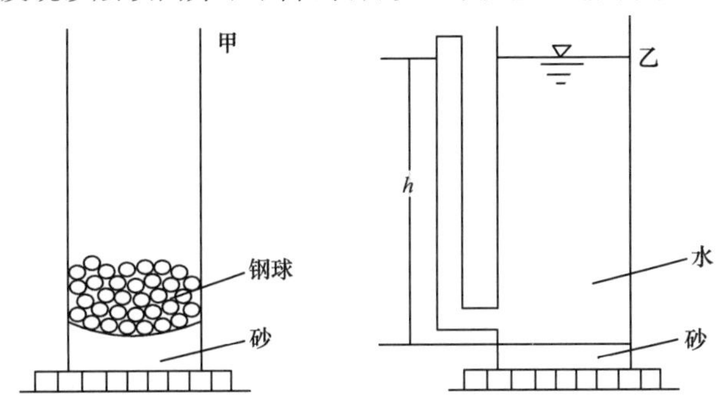

图 2-22 土中两种应力试验

上述甲、乙两个量筒底部松砂顶面都作用了 σ 的压力，但产生两种不同的效果，反映出土体中存在两种不同性质的应力：

①由钢球施加的应力通过土体骨架传递，用 σ' 表示，只有这种应力才使土体变形，成为有效应力。

②由水施加的应力通过水和孔隙水来传递，即孔隙水压力，这种应力不会使土体发生压缩变形，就像深海、浅海海底土粒的 $\sigma'=0$ 一样。

2.4.2 有效应力原理要点

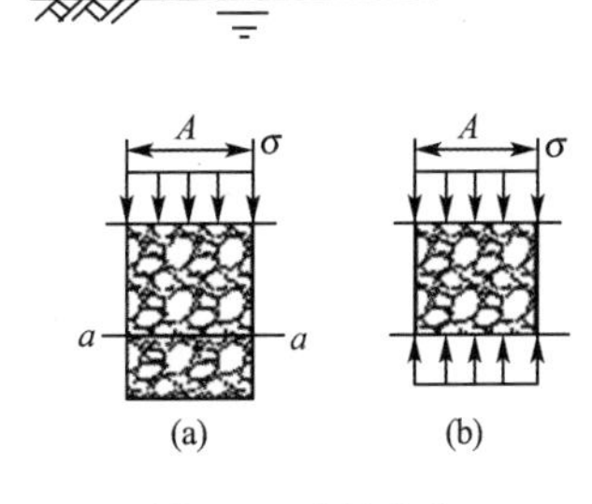

图 2-23 有效应力

在土中某点任取一截面，截面积为 A，截面上作用的法向应力称为总应力 s，如图 2-23 所示。总应力由土的重力、外荷载 p 所产生的压力以及静水压力组成，是土体单位面积上的平均应力。

截面总应力一部分由土颗粒间的接触面承担和传递，称为有效应力；另一部分由孔隙中的水和气体承担，称为孔隙压力 u（包括孔隙水压力 u_w 与孔隙气压力 u_a）。

如图 2-23 中的 a-a 截面是沿土颗粒间接触面截取的曲线状截面，在此截面上土颗粒间接触面积为 A_s，土颗粒接触面的法向应力为 σ_s，孔隙水面积为 A_w，孔隙水压力为 u_w，孔隙气体面积为 A_a，孔隙气压力为 u_a，由力的平衡条件，a-a 截面的竖向力平衡为

$$\sigma A=\sigma_s A_s+u_w A_w+u_a A_a$$

两边除以 A，得

$$\sigma=\frac{\sigma_s A_s}{A}+u_w\cdot\frac{A_w}{A}+u_a\cdot\frac{A_a}{A} \tag{a}$$

式(a)中的 $\frac{\sigma_s A_s}{A}$ 是接触面上接触应力的平均值，即是通过骨架传递应力的有效应力，记为 σ'，式(a)写成

$$\sigma=\sigma'+u_w\cdot\frac{A_w}{A}+u_a\cdot\frac{A_a}{A} \tag{2-33}$$

1. 对于非饱和土

取 $x=\frac{A_w}{A}$，Eishop 与 Eldin（1950 年）根据粒状土的试验认为 $\frac{A_s}{A}$ 很小（<0.03）。将

$x=\dfrac{A_w}{A}$代入式(2-33)得

$$\sigma=\sigma'+u_w\cdot x+u_a\cdot\frac{A_a}{A}$$

因为 $$A=A_s+A_w+A_a$$

可得 $$\sigma=\sigma'+xu_w+u_a-\frac{A_s}{A}u_a-xu_a$$

$$=\sigma'+xu_w+u_a-xu_a$$

可得非饱和土有效应力原理表达式为

$$\sigma=\sigma'+u_a-x(u_a-u_w) \tag{2-34}$$

2. 对于饱和土

因为 $A_a=0$,所以 $A_w\approx A$,即 $x=1$,孔隙水压力用 u 表示,则式(2-33)、式(2-34)变为

$$\sigma=\sigma'+u \tag{2-35}$$

式(2-35)即为饱和土有效应力原理的表达式。

3. 对于干土

因为 $A_w\approx0, x=0, A_a\approx A$

所以式(2-34)可写为

$$\sigma=\sigma'+u_a \tag{2-36}$$

式(2-36)为干土有效应力原理的表达式。

思考题

2.1 地基土中自重应力的分布有什么特点?

2.2 试以矩形面积荷载和条形均布荷载为例,说明地基中附加应力的分布规律。

2.3 影响基底压力分布的因素有哪些?

2.4 目前根据什么假设计算地基中的附加应力?

2.5 试简述太沙基的有效应力原理。

2.6 地下水位的变化对地表沉降有无影响?为什么?

2.7 怎样计算矩形均布荷载作用下地基内任意点的附加应力?

习 题

2.1 某建筑场地的土层分布均匀,第一层杂填土厚 2.5 m,$\gamma=17\ kN/m^3$;第二层粉质黏土厚 4 m,$\gamma=19\ kN/m^3$,$\gamma_{sat}=19.2\ kN/m^3$,地下水位在地面下 2 m 深处;第三层淤泥质黏土厚 8 m,$\gamma_{sat}=18.2\ kN/m^3$;第四层粉土厚 3 m,$\gamma_{sat}=19.7\ kN/m^3$;第五层砂岩未钻穿。试计算各土层交界处的竖向自重应力 σ_c,并绘出 σ_c 沿深度的分布图。

2.2 某墙下条形基础底面宽度 $b=2.2$ m,埋深 $d=2.2$ m,作用在基础顶面的竖向荷载 $F=180$ kN/m,试求基底压力。

2.3 有一矩形均布荷载 $p_0=250\ kN/m^2$,受荷面积为 2 m×6 m 的矩形,试求矩形形心 O 点和短边边缘上 B 点下方,深度分别为 0 m、2 m、4 m、6 m、8 m、10 m 处的竖向附加应力 σ_z,并绘出 σ_z 分布图。

第3章 土的压缩性和地基沉降计算

在实际工程中，上部建筑物荷载通过基础传递给地基，使地基产生竖向变形和侧向变形，由于侧向变形较小，可以忽略不计，地基的竖向变形即为地基沉降。当地基沉降变形过大，或者产生不均匀沉降时，都会对建筑物产生不利影响。因此研究地基的变形特性是土力学研究中的一个重要问题。

土体在压力作用下体积缩小的特性称为土的压缩性。正是由于土的可压缩特性才使地基产生沉降。由于土是由固体颗粒、水和气体组成的三相系，因此土的压缩主要由三部分组成：

(1)土中固体颗粒被压缩；

(2)土中水及封闭气体被压缩；

(3)土中水和气体从孔隙中被挤出。

试验研究表明，在一般压力(100～600 kPa)作用下，土颗粒和土中水的压缩量与土体的总压缩量之比是很微小的(小于 1∶400)，可以忽略不计，很少量封闭的土中气体被压缩，也可忽略不计。因此土的压缩是指土中孔隙体积的缩小，即土中水和土中气体在上覆压力作用下被挤出。而对于两相的饱和土体来说，则主要是土中孔隙水被挤出。

土的压缩性与土的种类及其工程性质密切相关。对于砂、砾石等无黏性土，由于其透水性好，排水通道通畅，因此土中水及气体易排出，在上部荷载作用下土的压缩过程较短，压缩变形易于稳定。一般建筑物施工完成，地基沉降即趋于稳定。但是，对于饱和黏性土、硬黏土等透水性很差的黏性土而言，由于排水通道不畅，压缩过程完成所需时间较长，有时甚至需要几十年的时间。因此建在这类地基上的建筑物要注意地基沉降与时间的关系，必要时进行沉降观测，或者采取工程措施，防止因沉降过大而影响建筑物安全。

3.1 土的压缩性试验

侧限压缩试验简称为压缩试验，也称为固结试验，是研究土的压缩性的常用方法。试验时，先用金属环刀取土，然后将土样连同环刀一起放入压缩仪(固结仪)中，如图 3-1 所示。为了土样能够自由排水，在土样上、下各加一块透水石，透水石上面再施加垂直荷载。

由于土样受到环刀、压缩容器的约束，在压缩过程中只产生竖向变形，不能产生侧向变形，因此这种方法称为侧限压缩试验。

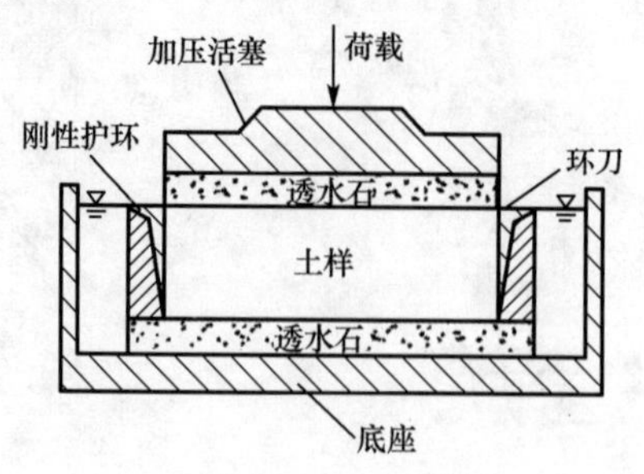

图 3-1 固结仪的固结容器简图

设土样的初始高度为 H_0，初始孔隙比为 e_0。受压后土样高度为 H_i，则 $H_i=H_0-\Delta H_i$。试验过程中，竖向荷载 P_i 分级施加，在每级荷载作用下土样均需达到变形稳定，ΔH_i 为压力 P_i 作用下土样的稳定压缩量，如图 3-2 所示。根据土的孔隙比的定义，假设压缩前后土粒体积 V_s 不变，并令 $V_s=1$，则孔隙体积 V_v 在受压前等于初始孔隙比 e_0，受压后等于 e_i，又根据侧限条件土样受压前、后的横截面面积 A 不变，得出 $A=\frac{1+e_0}{H_0}=\frac{1+e_i}{H_i}$，由 $H_i=H_0-\Delta H_i$ 得

$$\frac{\Delta H_i}{H_0}=\frac{e_0-e_i}{1+e_0} \tag{3-1}$$

则

$$e_i=e_0-\frac{\Delta H}{H_0}(1+e_0) \tag{3-2}$$

式中，$e_0=G_s(1+w_0)(\rho_w/\rho_0)-1$，其中 G_s、w_0、ρ_0、ρ_w 分别为土粒比重、土样初始含水量、土样初始密度（g/cm^3）和水的密度（g/cm^3）。

这样，只要测定土样在各级压力 P_i 作用下的稳定变形量 ΔH_i 后，就可以按照式(3-1)计算出相应的孔隙比 e_i，从而绘制土的压缩曲线。

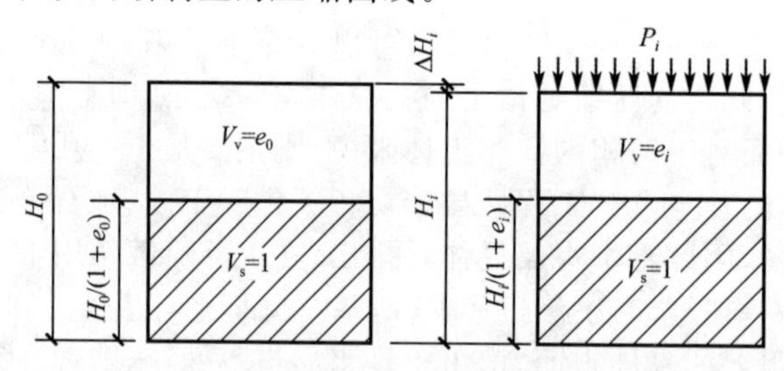

图 3-2 侧限条件下土样孔隙比的变化

3.2 土的一维压缩性指标

3.2.1 压缩曲线及压缩性指标

压缩曲线有两种绘制方式，一种是按普通直角坐标绘制 e-p 曲线，如图 3-3(a)所示，在常规试验中，一般按 p 等于 50、100、200、300、400(kPa)五级加载；另一种横坐标取 p 的

常用对数值，即按半对数直角坐标绘制 e-lg$p$ 曲线，如图 3-3(b)所示，试验时以较小的压力开始，采用小增量多级加载，并加到较大的荷载(如 1 000 kPa)为止。

评价土体压缩性通常有以下指标：

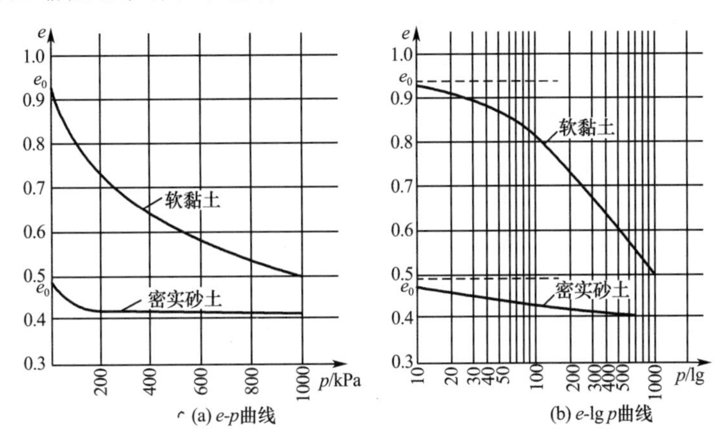

图 3-3 土的压缩曲线

1. 压缩系数 a

土的压缩系数的定义是土体在无侧限条件下孔隙比减小量与有效应力增量的比值(MPa^{-1})，即 e-p 曲线中某一压力段的割线斜率。由图 3-3(a)可见，①e-p 曲线初始段较陡，其后曲线逐渐平缓，说明土体受压初期，容易被压密，压缩量较大，而后随着孔隙比减小，土体越来越密实，土粒移动越来越困难，压缩量随之减小。②土类不同，压缩曲线的形态有别：曲线越陡，说明在同一压力段内，土孔隙比减小越显著，因而压缩性越高。所以曲线上任一点的切线斜率 a 就表示了相应于压力 p 作用下的压缩性，即

$$a=-\frac{\mathrm{d}e}{\mathrm{d}p} \tag{3-3}$$

式中，负号表示随着压力 p 的增大，孔隙比 e 逐渐减小。实际上，如图 3-4 所示，当压力由 p_1 增加到 p_2，相应的孔隙比由 e_1 减小到 e_2，则与压力增量 $\Delta p=p_2-p_1$ 相对应的孔隙比变化为 $\Delta e=e_1-e_2$。此时，土的压缩性可用图中割线 M_1M_2 的斜率表示。设割线与横坐标的夹角为 β，则

$$a=\tan\beta=\frac{\Delta e}{\Delta p}=\frac{e_1-e_2}{p_2-p_1} \tag{3-4}$$

式中 a——土的压缩系数，MPa^{-1}；

p_1——一般指地基某深度处土中竖向自重应力，MPa；

p_2——地基某深度处竖向自重应力与竖向附加应力之和，MPa；

e_1、e_2——相应于 p_1、p_2 作用下压缩稳定后的孔隙比。

压缩系数是评价地基土压缩性高低的重要指标之一。从图 3-4 的曲线上看，它不是一个常量，与所取的压力大小有关。在工程实践中，为了便于比较，通常采用压力区间由 $p_1=0.1$ MPa(100 kPa)增加到 $p_2=0.2$ MPa(200 kPa)时的压缩系数 a_{1-2} 来评定土的压缩性高低，即

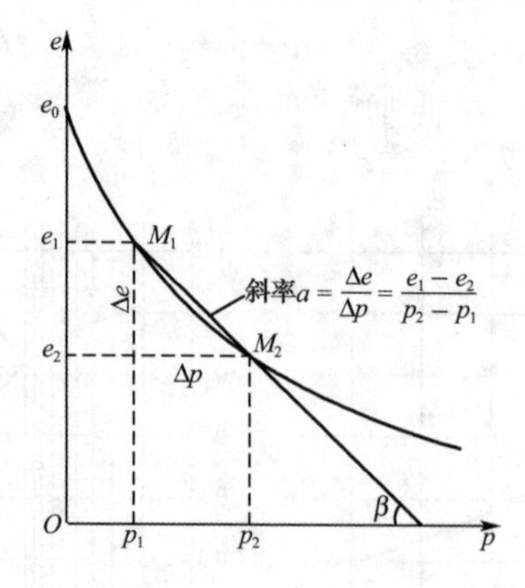

图 3-4　e-p 曲线中确定 a

$a_{1-2}<0.1\ \text{MPa}^{-1}$　　为低压缩性土

$0.1\ \text{MPa}^{-1}\leqslant a_{1-2}<0.5\ \text{MPa}^{-1}$　　为中压缩性土

$a_{1-2}\geqslant 0.5\ \text{MPa}^{-1}$　　为高压缩性土

2. 压缩指数 C_c

土的压缩指数是指土体在无侧限条件下孔隙比减小量与有效应力常用对数值增量的比值。与压缩系数 a 一样，C_c 也用来评定土的压缩性高低。如图 3-5 所示，如果采用 e-$\lg p$曲线，则压缩曲线后段接近直线，其斜率 C_c 为

$$C_c=\frac{e_1-e_2}{\lg p_2-\lg p_1}=\frac{\Delta e}{\lg\dfrac{p_2}{p_1}} \tag{3-5}$$

土的压缩指数 C_c 越大，其压缩性越高。一般认为 $C_c<0.2$ 时，为低压缩性土；$C_c=0.2\sim0.4$ 时，为中压缩性土；$C_c>0.4$ 时，为高压缩性土。

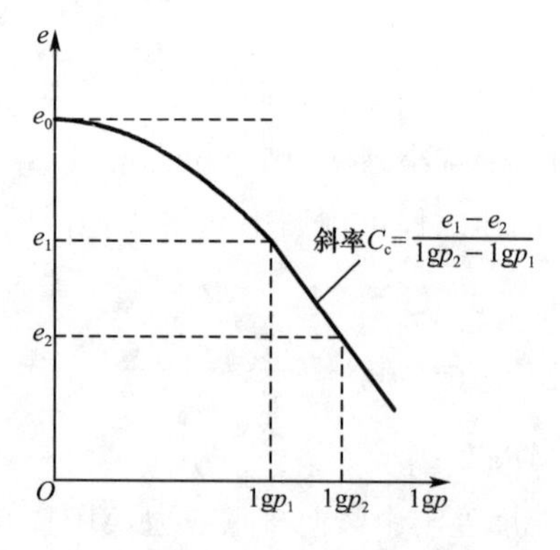

图 3-5　e-$\lg p$ 曲线中确定 C_c

3. 压缩模量 E_s

土的压缩模量是指土体在侧限条件下的竖向附加应力与竖向应变的比值(MPa)。它是由 e-p 曲线得到的第二个压缩性指标。根据定义可得

$$E_s=\frac{\Delta p}{\Delta\varepsilon}=\frac{\Delta p}{\Delta H/H_1} \tag{3-6}$$

在完全侧限条件下，土样横截面面积不发生变化，同时，受压前、后土粒体积不变，由式(3-1)可得

$$\frac{\Delta H}{H_1}=\frac{e_1-e_2}{1+e_1} \tag{3-7}$$

$$E_s=\frac{\Delta p}{\Delta H/H_1}=\frac{p_2-p_1}{(e_1-e_2)/(1+e_1)}=\frac{1+e_1}{a} \tag{3-8}$$

式中符号意义同前。

式(3-6)表示土体在侧限条件下，当土中应力变化不大时，竖向附加应力增量与竖向应变增量呈正比，其比例系数为 E_s，称为土的压缩模量，或侧限模量，以便与无侧限条件下简单拉伸或压缩时的弹性模量(杨氏模量)E 相区别。

压缩模量 E_s 与压缩系数 a 呈反比，E_s 越大，a 越小，土的压缩性越低。所以，E_s 也具有划分土压缩性高低的功能。一般认为 $E_s<4$ MPa 时为高压缩性土；4 MPa$\leqslant E_s \leqslant$15 MPa时为中压缩性土；$E_s>15$ MPa时为低压缩性土。

3.2.2 先期固结压力(天然土层的应力历史)

先期固结压力 p_c 即天然土层在历史上受过的最大固结压力。对于大多数天然土层来讲，在漫长的地质年代中，经过各种地质作用，由于上覆土层厚度的不断变化，作用在其下土层上的自重应力也会出现变化。土在形成的地质年代中经受应力变化的情况称为应力历史。根据应力历史可将土分为正常固结土、超固结土和欠固结土：正常固结土在历史上受到的先期固结压力等于现有上覆土重；超固结土在历史上受到的先期固结压力大于现有上覆土重；欠固结土是现有上覆土重大于先期固结压力。

图 3-6 所示为沉积土层按先期固结压力 p_c 分类，A 类土层为正常固结土，即土层在先期固结压力作用下固结稳定后，其上覆土层厚度没有大的变化，先期固结压力 p_c 等于当前土层承受的自重应力 $p_1=\gamma h$(图 3-6(a))。B 类土层为超固结土，即在历史上覆盖土层的沉积厚度达到图 3-6(b)中虚线位置，并且在自重作用下达到固结稳定，后由于各种原因，如水流冲刷、冰川剥蚀、人工开挖等，形成现在的沉积层地表，先期固结压力 $p_c=\gamma h_c$ 大于现有土自重应力。C 类土层为欠固结土，指新近沉积的土层，由于沉积后经历时间不久，在自重应力作用下尚未达到固结稳定(图 3-6(c)中虚线位置)，先期固结压力小于上覆土体自重应力 $p_1=\gamma h$。

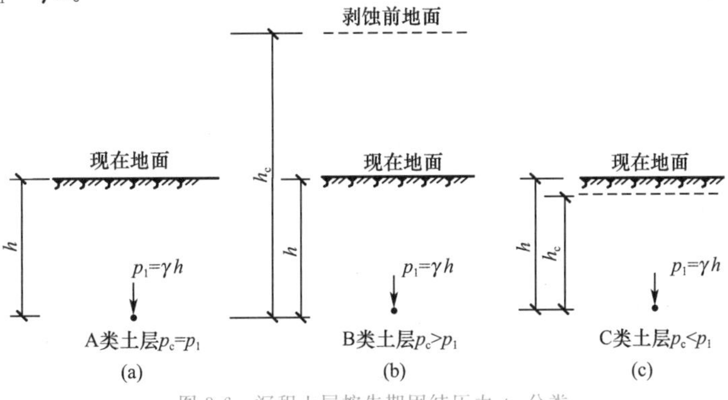

图 3-6 沉积土层按先期固结压力 p_c 分类

为了判断土体的应力历史，首先必须确定土体的先期固结压力 p_c，最常用的方法是卡萨格兰德(Casagrande)根据室内压缩曲线特征建议的经验作图法，步骤如下：

(1)在 e-lg$p$ 坐标上绘出试样的室内压缩曲线，如图 3-7 所示；

(2)在 e-lg$p$ 曲线上找出曲率最大(曲率半径最小)的点 A，过 A 点作水平线 $A1$，切线 $A2$；

(3)作∠$1A2$ 的平分线 $A3$，与 e-lg$p$ 曲线中的铅垂线段的延长线相交于 B 点；

(4)B 点所对应的有效应力即为先期固结压力。

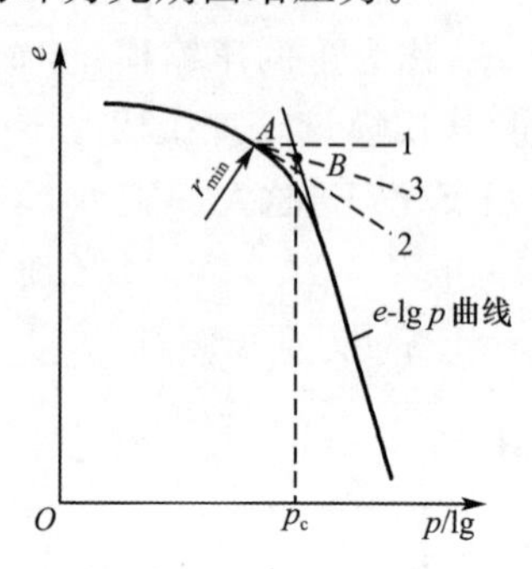

图 3-7 确定先期固结压力的卡萨格兰德法

应注意的是，采用这种方法确定先期固结压力，仅适用于 e-lg$p$ 曲线的曲率变化明显的土层，对于扰动严重的土层，由于曲线的曲率不明显，不太适合用该方法确定先期固结压力。另外 p_c 值的精度取决于曲率最大的 A 点的正确选择，而绘图误差及人为目测的差异性都会导致作图法确定的 p_c 值不一定可靠。因此要准确的确定 p_c 值，还需要结合土层形成的历史资料，加以综合分析。

3.2.3 原位压缩曲线和原位再压缩曲线

由作图法得到土层先期固结压力后，将其与试样现有的自重应力 $p_0=\gamma h$ 比较，可以判断试验属于正常固结土、超固结土还是欠固结土；然后根据室内固结试验的 e-lg$p$ 曲线推求原位压缩曲线。

1. 正常固结土原位压缩曲线

对于正常固结土，原位压缩曲线的确定步骤如下：假定取样过程中试样的体积不发生变化，试样的初始孔隙比 $e_0=\frac{G_s\rho_w}{\rho_d}-1$ 就是原位孔隙比，然后在 e-lg$p$ 坐标上，由 e_0 点作 lg$p$ 轴的水平线，与平行于 e 轴的 p_c 线相交于 b，此点即为正常固结土原位压缩曲线的起点，再从纵坐标 $0.42e_0$ 处作一水平线交室内压缩曲线于 c 点，连接 bc 即得到所要求的原位压缩曲线，如图 3-8 所示。

2. 超固结土原位压缩和再压缩曲线

对于超固结土，原位压缩和再压缩曲线确定步骤如下：

(1)以纵、横坐标分别为初始孔隙比 e_0 和现场自重应力 p_1 作 b_1 点；然后过 b_1 点作一

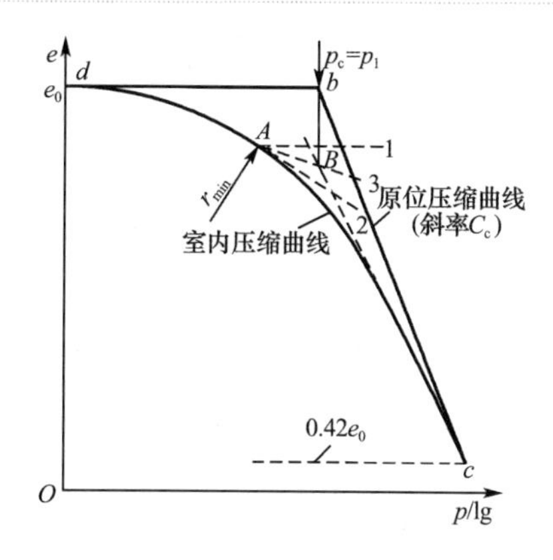

图 3-8 正常固结土的原位压缩曲线

斜率等于室内回弹曲线与再压缩曲线平均斜率的直线交于 b 点(b 点横坐标为 p_c),bb_1 即为原位再压缩曲线,斜率为回弹指数 C_e。

(2)从室内压缩曲线上找到 $e=0.42e_0$ 的点 c,连接 bc 直线,即为原位压缩曲线,斜率为压缩指数 C_c,如图 3-9 所示。

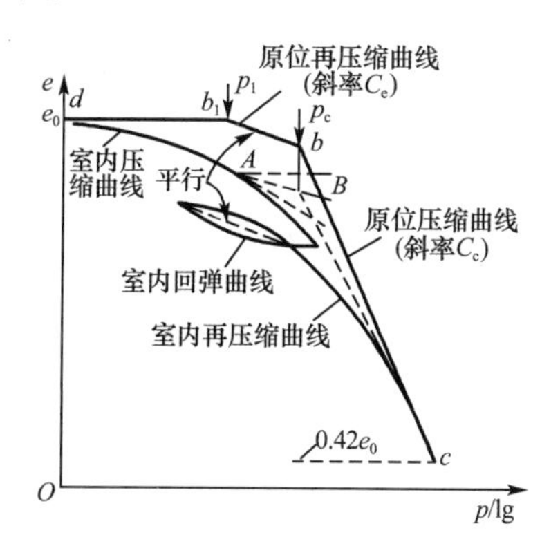

图 3-9 超固结土的原位压缩和再压缩曲线

对于欠固结土,可近似按正常固结土的方法求得其原位压缩曲线。

3.3 地基最终沉降量计算

地基最终沉降量是指地基变形达到稳定后基础底面的最大沉降量。计算地基最终沉降量的目的是确定建筑物的最大沉降量、沉降差和倾斜,并判断其是否超出容许范围,为建筑物设计时采用相应的工程措施提供依据,保证建筑物的安全。

3.3.1 单向压缩分层总和法

1. 基本假定

(1)地基土为均质。各向同性的半无限体,因此可以利用弹性理论计算地基土中的附加应力。

(2)在上覆压力作用下，地基土不产生侧向变形，因此可以采用侧限条件下的压缩性指标。

(3)为了弥补由于忽略地基土侧向变形而对计算结果造成的误差，通常取基底中心点下的附加应力进行计算，以基底中心点的沉降代表基础的平均沉降。

2. 基本公式

设基础底面宽度为 b，可压缩土层厚度为 $H\leqslant 0.4b$，由于基础底面和不可压缩层顶面的摩阻力对可压缩土层的限制作用，土层压缩时的侧向变形较小，因而可认为土层受力条件近似于侧限压缩试验中土样受力条件。假定第 i 层土样在 p_{1i}(相当于自重应力)作用下，压缩稳定后的孔隙比为 e_{1i}，土层厚度为 h_i；当压力增大至 p_{2i}(相当于自重应力和附加应力之和)时，压缩稳定后的孔隙比为 e_{2i}。根据受附加应力前后土粒体积不变和土样横截面面积不变，参考式(3-7)，该土层的压缩变形量 Δs_i 为

$$\Delta s_i=\frac{e_{1i}-e_{2i}}{1+e_{1i}}h_i \tag{3-9}$$

求得各土层的变形量后，叠加即可得到地基最终沉降量 s 为

$$s=\sum_{i=1}^{n}\Delta s_i=\sum_{i=1}^{n}\frac{e_{1i}-e_{2i}}{1+e_{1i}}h_i \tag{3-10}$$

又因为

$$\frac{e_{1i}-e_{2i}}{1+e_{1i}}=\frac{a_i(p_{2i}-p_{1i})}{1+e_{1i}}=\frac{\bar{\sigma}_{zi}}{E_{si}}$$

所以

$$s=\sum_{i=1}^{n}\frac{e_{1i}-e_{2i}}{1+e_{1i}}h_i=\sum_{i=1}^{n}\frac{\bar{\sigma}_{zi}}{E_{si}}h_i \tag{3-11}$$

式中 n——地基沉降计算深度范围内的土层数；

p_{1i}——作用在第 i 层土上的平均自重应力 $\bar{\sigma}_{ci}$，kPa；

p_{2i}——作用在第 i 层土上的平均自重应力 $\bar{\sigma}_{ci}$ 与平均附加应力 $\bar{\sigma}_{zi}$ 之和，kPa；

a_i——第 i 层土的压缩系数；

E_{si}——第 i 层土的压缩模量，kPa；

h_i——第 i 层土的厚度，m。

3. 计算步骤

(1)分层。将基础底面以下土层分为若干薄层，分层原则：①厚度 $h_i\leqslant 0.4b$(b 为基础宽度)；②天然土层面及地下水位面处作为分层界面；

(2)计算基底中心点下各分层面上的土的自重应力 σ_{ci} 与附加应力 σ_{zi}，并绘制自重应力和附加应力分布曲线(图 3-10)；

(3)确定地基沉降计算深度 z_n。按 $\sigma_{zn}/\sigma_{cn}\leqslant 0.2$(对软土$\leqslant 0.1$)确定；

(4)计算各分层土的平均自重应力 $\bar{\sigma}_{ci}=(\sigma_{c(i-1)}+\sigma_{ci})/2$ 和平均附加应力 $\bar{\sigma}_{zi}=(\sigma_{z(i-1)}+\sigma_{zi})/2$；

(5)令 $p_{1i}=\bar{\sigma}_{ci}$，$p_{2i}=\bar{\sigma}_{ci}+\bar{\sigma}_{zi}$，从土层的压缩曲线上由 p_{1i} 及 p_{2i} 查得 e_{1i}、e_{2i}；

(6)按式(3-9)计算每一分层土的压缩变形量 Δs_i；

(7)按式(3-10)计算沉降深度范围内地基的总变形量即为地基的沉降量。

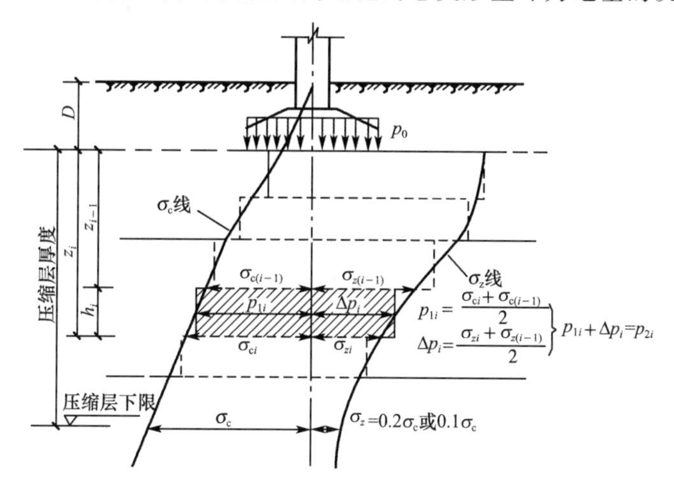

图 3-10 成层地基分层总和法

【例题 3-1】 某方形基础的底面尺寸为 3 m×3 m，天然地面下基础埋深为 2 m，计算资料如图 3-11 所示，地基土层室内压缩试验结果见表 3-1，用分层总和法计算地基最终沉降量。

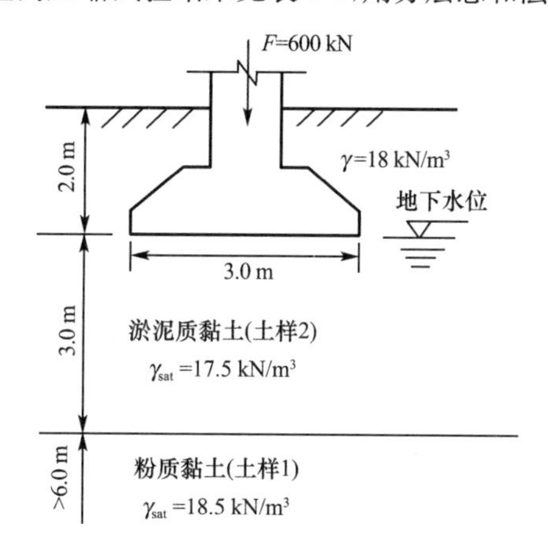

图 3-11 例题 3-1 图

表 3-1 室内压缩试验结果

土名 \ e	p/kPa				
	0	50	100	200	300
粉质黏土(土样 1)	0.978	0.889	0.855	0.809	0.773
淤泥质黏土(土样 2)	0.651	0.625	0.608	0.587	0.570

解：(1)地基分层：

分层厚度不超过 $0.4b=1.2$ m，基底以下厚 3.0 m 的淤泥质黏土层，分成三层，层厚为1.0 m,其下粉质黏土层,分层厚度亦取为 1.0 m。

(2)计算自重应力:

计算分层处的自重应力,地下水位以下取有效重度进行计算。如分层点 1 自重应力:$\sigma_1=18\times2.0+7.5\times1.0=43.5$ kPa

计算各分层上下界面处自重应力的平均值,作为该分层受压前所受侧限竖向自重应力 p_{1i},各分层点的自重应力值及各分层的平均自重应力值见表 3-2。

表 3-2　　分层总和法计算地基最终沉降量

分层点	深度 z_i/m	$\frac{z}{b/2}$	α_c	自重应力 σ_c/kPa	附加应力 σ_z/kPa	层厚 H_i/m	平均自重应力 $\frac{\sigma_{c(i-1)}+\sigma_{ci}}{2}$/kPa	平均附加应力 $\frac{\sigma_{z(i-1)}+\sigma_{zi}}{2}$/kPa	总应力平均值 p_{2i}/kPa	受压前孔隙比 e_{1i}	受压后孔隙比 e_{2i}	分层压缩量 $\Delta s_i=\frac{e_{1i}-e_{2i}}{1+e_{1i}}H_i$/mm
0	0	0	0.25	36.0	70.7	—	—	—	—	—	—	—
1	1.0	0.667	0.215	43.5	60.8	1.0	39.75	65.75	105.5	0.630	0.607	14.1
2	2.0	1.333	0.138	51.0	39.03	1.0	47.25	49.92	97.17	0.626	0.609	10.5
3	3.0	2.0	0.084	58.5	23.76	1.0	54.75	31.40	86.15	0.623	0.613	6.2
4	4.0	2.667	0.055	67.0	15.55	1.0	62.75	19.66	82.41	0.880	0.867	6.9
5	5.0	3.333	0.037	75.5	10.46	1.0	71.25	13.00	84.25	0.875	0.866	4.8
6	6.0	4.0	0.027	84.0	7.64	1.0	79.75	9.05	88.8	0.869	0.863	3.2

(3)计算竖向附加应力:

基底平均附加应力:$p_0=\frac{600+20\times2.0\times3\times3}{3\times3}-18\times2.0=70.7$ kPa

利用应力系数 α_c 计算各分层点的竖向附加应力,如 1 点附加应力:$4\alpha_c p_0=4\times0.215\times70.7=60.8$ kPa。

各分层点的附加应力值及各分层的平均附加应力值列于表 3-2 中。

(4)各分层自重应力平均值和附加应力平均值之和作为该分层受压后所受总应力平均值 p_{2i}。

(5)确定压缩层深度:

按 $\sigma_z=0.1\sigma_c$ 来确定压缩层深度,当 $z=6.0$ m 时,$\sigma_z=7.64$ kPa$<0.1\sigma_c=8.4$ kPa,所以压缩层深度为基底以下 6.0 m。

(6)计算各分层的压缩量:

如第 2 层沉降量 $\Delta s_i=\frac{e_{1i}-e_{2i}}{1+e_{1i}}h_i=\frac{0.626-0.609}{1+0.626}\times1\ 000=10.5$ mm,各分层的压缩量列于表 3-2 中。

(7)计算地基最终沉降量:

$$s=\sum_{i=1}^{n}\Delta s_i=45.7\ \text{mm}$$

3.3.2 规范法计算地基沉降

《建筑地基基础设计规范》(GB 50007—2011)所推荐的地基最终沉降量计算方法是一种简化并修正了的分层总和法。它也采用侧限条件的压缩性指标，并运用了平均附加应力系数计算，还规定了地基沉降计算深度的标准以及提出了地基的沉降计算经验系数，使得计算结果接近于实测值。

1. 计算原理

假设地基是均质的，压缩模量 E_s 不随深度变化，则从基底至地基任意深度 z 范围内的压缩量为

$$s'=\sum_{i=1}^{n}\frac{\bar{\sigma}_{zi}h_i}{E_{si}}$$

式中，$\bar{\sigma}_{zi}h_i$ 为第 i 层土附加应力曲线所包围面积(图 3-12 中阴影部分)，用符号 A_{3456} 表示。

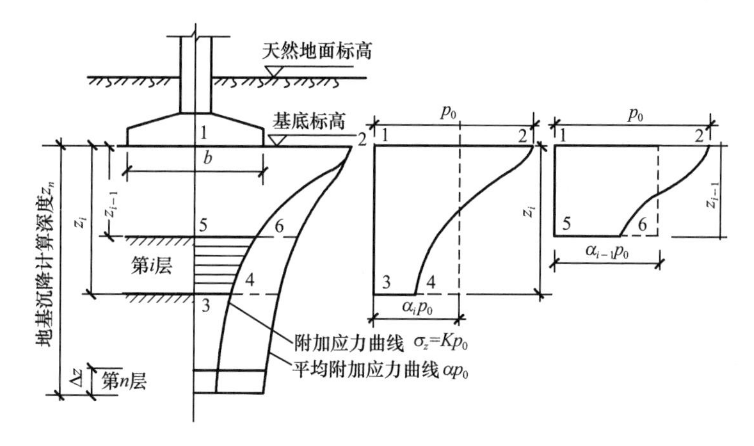

图 3-12 分层变形量的计算原理

由图 3-12 有：$A_{3456}=A_{1234}-A_{1256}$

应力面积 $A=\int_0^z\sigma_z\mathrm{d}z=p_0\int_0^z\alpha\mathrm{d}z$

为计算方便，引入深度 z 范围内的平均附加应力系数 $\bar{\alpha}$：

$A_{1234}=\bar{\alpha}_i p_0 z_i$，即$\bar{\alpha}_i=\dfrac{A_{1234}}{p_0 z_i}$

$A_{1256}=\bar{\alpha}_{i-1} p_0 z_{i-1}$，即$\bar{\alpha}_{i-1}=\dfrac{A_{1256}}{p_0 z_{i-1}}$

$$s'=\sum_{i=1}^{n}\frac{A_{1234}-A_{1256}}{E_{si}}=\sum_{i=1}^{n}\frac{p_0}{E_{si}}(\bar{\alpha}_i z_i-\bar{\alpha}_{i-1}z_{i-1})\tag{3-12}$$

式中 $p_0\bar{\alpha}_i z_i$——深度 z 范围内竖向附加应力面积 A 的等代值；

$\bar{\alpha}_i$——深度 z 范围内平均附加应力系数，$\bar{\alpha}_i=\dfrac{A}{p_0 z}=\dfrac{1}{z}\int_0^z \alpha \mathrm{d}z$。

2. 沉降计算深度

地基沉降计算深度 z_n 可通过试算确定，即要求满足

$$\Delta s_n' \leqslant 0.025\sum_{i=1}^{n}\Delta s_i' \tag{3-13}$$

式中 $\Delta s_i'$——在计算深度 z_n 范围内，第 i 层土的计算沉降值，mm；

$\Delta s_n'$——在计算深度 z_n 处向上取厚度 Δz 土层的计算沉降值，mm。Δz 按表 3-3 确定。

当无相邻荷载影响，基础宽度在 1～30 m 时，基础中心点的地基沉降计算深度可先按式(3-14)进行估算，再按式(3-13)进行核算，当不满足要求时再继续增大 z_n，直至所取规定厚度 Δz 的计算沉降量满足要求为止。

当沉降计算深度范围内存在基岩时，z_n 可取至基岩表面。

$$z_n = b(2.5-0.4\ln b) \tag{3-14}$$

表 3-3 计算厚度 Δz 表

基底宽度	$\leqslant 2$	$2<b\leqslant 4$	$4<b\leqslant 8$	$8<b\leqslant 15$	$15<b\leqslant 30$	>30
Δz/m	0.3	0.6	0.8	2.0	2.2	2.5

通过大量观测资料表明沉降计算结果与实测结果有一定差距：一般低压缩性土，计算值偏大，而高压缩性土计算值偏小，因此引入沉降计算经验系数 ψ_s 对沉降量进行修正，见式(3-14)，ψ_s 按表 3-4 取用。

表 3-4 沉降计算经验系数 ψ_s

地基附加应力	压缩模量 E_S/MPa				
	2.5	4.0	7.0	15.0	20.0
$p_0 \geqslant f_k$	1.4	1.3	1.0	0.4	0.2
$p_0 \leqslant 0.75 f_k$	1.1	1.0	0.7	0.4	0.2

$$s=\psi_s s'=\psi_s\sum_{i=1}^{n}\frac{p_0}{E_{si}}(\bar{\alpha}_i z_i-\bar{\alpha}_{i-1}z_{i-1}) \tag{3-15}$$

式中 s——地基最终沉降量，mm；

ψ_s——沉降计算经验系数，根据地区沉降观测资料及经验确定，也可按表 3-4 取用；

n——地基沉降计算深度范围内所划分的土层数；

p_0——荷载效应标准组合下作用于基础底面的附加应力，kPa；

E_{si}——基础底面下第 i 层土的压缩模量，MPa；

z_i、z_{i-1}——基础底面至第 i 层和第 $i-1$ 层土底面的距离，m；

$\bar{\alpha}_i$、$\bar{\alpha}_{i-1}$——基础底面至第 i 层和第 $i-1$ 层土底面范围内的平均附加应力系数，矩形基础可按均布矩形荷载角点下的平均附加应力系数 $\bar{\alpha}$ 表(表 3-5)查用。l 与 b 分别为基础的长边和短边。

表 3-5　　均布的矩形荷载角点下的平均附加应力系数 $\bar{\alpha}$

z/b \ l/b	1.0	1.2	1.4	1.6	1.8	2.0	2.4	2.8	3.2	3.6	4.0	5.0	10.0
0.0	0.250 0	0.250 0	0.250 0	0.250 0	0.250 0	0.250 0	0.250 0	0.250 0	0.250 0	0.250 0	0.250 0	0.250 0	0.250 0
0.2	0.249 6	0.249 7	0.249 7	0.249 8	0.249 8	0.249 8	0.249 8	0.249 8	0.249 8	0.249 8	0.249 8	0.249 8	0.249 8
0.4	0.247 4	0.247 9	0.248 1	0.248 3	0.248 3	0.248 4	0.248 5	0.248 5	0.248 5	0.248 5	0.248 5	0.248 5	0.248 5
0.6	0.242 3	0.243 7	0.244 4	0.244 8	0.245 1	0.245 2	0.245 4	0.245 5	0.245 5	0.245 5	0.245 5	0.245 5	0.245 6
0.8	0.234 6	0.237 2	0.238 7	0.239 5	0.240 0	0.240 3	0.240 7	0.240 8	0.240 9	0.240 9	0.241 0	0.241 0	0.241 0
1.0	0.225 2	0.229 1	0.231 3	0.232 6	0.233 5	0.234 0	0.234 6	0.234 9	0.235 1	0.235 2	0.235 2	0.235 3	0.235 3
1.2	0.214 9	0.219 9	0.222 9	0.224 8	0.226 0	0.226 8	0.227 8	0.228 2	0.228 5	0.228 6	0.228 7	0.228 8	0.228 9
1.4	0.204 3	0.210 2	0.214 0	0.216 4	0.218 0	0.219 1	0.220 4	0.221 1	0.221 5	0.221 7	0.221 8	0.222 0	0.222 1
1.6	0.193 9	0.200 6	0.204 9	0.207 9	0.209 9	0.211 3	0.213 0	0.213 8	0.214 3	0.214 6	0.214 8	0.215 0	0.215 2
1.8	0.184 0	0.191 2	0.196 0	0.199 4	0.201 8	0.203 4	0.205 5	0.206 6	0.207 3	0.207 7	0.207 9	0.208 2	0.208 4
2.0	0.174 6	0.182 2	0.187 5	0.191 2	0.193 8	0.195 8	0.198 2	0.196 6	0.200 4	0.200 9	0.201 2	0.201 5	0.201 8
2.2	0.165 9	0.173 7	0.179 3	0.183 3	0.186 2	0.188 3	0.191 1	0.192 7	0.193 7	0.194 3	0.194 7	0.195 2	0.195 5
2.4	0.157 8	0.165 7	0.171 5	0.175 7	0.178 9	0.181 2	0.184 3	0.186 2	0.187 3	0.188 0	0.188 5	0.189 0	0.189 5
2.6	0.150 3	0.158 3	0.164 2	0.168 6	0.171 9	0.174 5	0.177 9	0.179 9	0.181 2	0.182 0	0.182 5	0.183 2	0.183 8
2.8	0.143 3	0.151 4	0.157 4	0.161 9	0.165 4	0.168 0	0.171 7	0.173 9	0.175 3	0.176 3	0.176 9	0.177 7	0.178 4
3.0	0.136 9	0.144 9	0.151 0	0.155 6	0.159 2	0.161 9	0.165 8	0.168 2	0.166 8	0.170 8	0.171 5	0.172 5	0.173 3
3.2	0.131 0	0.139 0	0.145 0	0.149 7	0.153 3	0.156 2	0.160 2	0.162 8	0.164 5	0.165 7	0.166 4	0.167 5	0.168 5
3.4	0.125 6	0.133 4	0.139 4	0.144 1	0.147 8	0.150 8	0.155 0	0.157 7	0.159 5	0.160 7	0.161 6	0.162 8	0.163 9
3.6	0.120 5	0.128 2	0.134 2	0.138 9	0.142 7	0.145 0	0.150 0	0.152 8	0.154 8	0.156 1	0.157 5	0.158 3	0.159 5
3.8	0.115 8	0.123 4	0.129 3	0.134 0	0.137 8	0.140 8	0.145 2	0.148 2	0.150 2	0.151 6	0.152 6	0.154 1	0.155 4
4.0	0.111 4	0.118 9	0.124 8	0.129 4	0.133 2	0.136 2	0.140 8	0.143 8	0.145 9	0.147 4	0.148 5	0.150 0	0.151 6
4.2	0.107 3	0.114 7	0.120 5	0.125 1	0.128 9	0.131 9	0.136 5	0.139 6	0.141 8	0.143 4	0.144 5	0.146 2	0.147 9
4.4	0.103 5	0.110 7	0.116 4	0.121 0	0.124 8	0.127 9	0.132 5	0.135 7	0.137 9	0.139 6	0.140 7	0.142 5	0.144 4

（续表）

l/b z/b	1.0	1.2	1.4	1.6	1.8	2.0	2.4	2.8	3.2	3.6	4.0	5.0	10.0
4.6	0.100 0	0.107 0	0.112 7	0.117 2	0.120 9	0.124 0	0.128 7	0.131 9	0.134 2	0.135 9	0.137 1	0.139 0	0.141 0
4.8	0.096 7	0.103 6	0.109 1	0.113 6	0.117 3	0.120 4	0.125 0	0.128 3	0.130 7	0.132 4	0.133 7	0.135 7	0.137 9
5.0	0.093 5	0.100 3	0.105 7	0.110 2	0.113 9	0.116 9	0.121 6	0.124 9	0.127 3	0.129 1	0.130 4	0.132 5	0.134 8
5.2	0.090 6	0.097 2	0.102 6	0.107 0	0.110 6	0.113 6	0.118 3	0.121 7	0.124 1	0.125 9	0.127 3	0.129 5	0.132 0
5.4	0.087 8	0.094 3	0.099 6	0.103 9	0.107 5	0.110 5	0.115 2	0.118 6	0.121 1	0.122 9	0.124 3	0.126 5	0.129 2
5.6	0.085 2	0.091 6	0.096 8	0.101 0	0.104 6	0.107 6	0.112 2	0.115 6	0.118 1	0.120 0	0.121 5	0.123 8	0.126 6
5.8	0.082 8	0.089 0	0.094 1	0.098 3	0.101 8	0.104 7	0.109 4	0.112 8	0.115 3	0.117 2	0.118 7	0.121 1	0.124 0
6.0	0.080 5	0.086 6	0.091 6	0.095 7	0.099 1	0.102 1	0.106 7	0.110 1	0.112 6	0.114 6	0.116 1	0.118 5	0.121 6
6.2	0.078 3	0.084 2	0.089 1	0.093 2	0.096 6	0.099 5	0.104 1	0.107 5	0.110 1	0.112 0	0.113 6	0.116 1	0.119 3
6.4	0.076 2	0.082 0	0.086 9	0.090 9	0.094 2	0.097 1	0.101 6	0.105 0	0.107 6	0.109 6	0.111 1	0.113 7	0.117 1
6.6	0.074 2	0.079 9	0.084 7	0.088 6	0.091 9	0.094 8	0.099 3	0.102 7	0.105 3	0.107 3	0.108 8	0.111 4	0.114 9
6.8	0.072 3	0.077 9	0.082 6	0.086 5	0.089 8	0.092 6	0.097 0	0.100 4	0.103 0	0.105 0	0.106 9	0.109 2	0.112 9
7.0	0.070 5	0.076 1	0.080 6	0.084 4	0.087 7	0.090 4	0.094 9	0.098 2	0.100 8	0.102 8	0.104 4	0.107 1	0.110 9
7.2	0.068 8	0.074 2	0.078 7	0.082 5	0.085 7	0.088 4	0.092 8	0.096 2	0.098 7	0.100 8	0.102 3	0.105 1	0.109 0
7.4	0.067 2	0.072 5	0.076 9	0.080 6	0.083 8	0.086 5	0.090 8	0.094 2	0.096 7	0.098 8	0.100 4	0.103 1	0.107 1
7.6	0.065 6	0.070 9	0.075 2	0.078 9	0.082 0	0.084 6	0.098 9	0.092 2	0.094 8	0.096 8	0.098 4	0.101 2	0.105 4
7.8	0.064 2	0.069 3	0.073 6	0.077 1	0.080 2	0.082 8	0.087 1	0.090 4	0.092 9	0.095 0	0.096 6	0.099 4	0.103 6
8.0	0.062 7	0.067 8	0.072 0	0.075 5	0.078 5	0.081 1	0.085 3	0.088 6	0.091 2	0.093 2	0.094 8	0.097 6	0.102 0
8.2	0.061 4	0.066 3	0.070 5	0.073 9	0.076 9	0.079 5	0.083 7	0.086 9	0.089 4	0.091 4	0.093 1	0.095 9	0.100 4
8.4	0.060 1	0.064 9	0.069 0	0.072 4	0.075 4	0.077 9	0.082 0	0.085 2	0.087 8	0.089 8	0.091 4	0.094 3	0.098 8
8.6	0.058 8	0.063 6	0.067 6	0.071 0	0.073 9	0.076 4	0.080 5	0.083 6	0.086 2	0.088 2	0.089 8	0.092 7	0.097 3
8.8	0.057 6	0.062 3	0.066 3	0.069 6	0.072 4	0.074 9	0.079 0	0.082 1	0.084 6	0.086 6	0.088 2	0.091 2	0.095 9
9.2	0.055 4	0.059 9	0.063 7	0.067 0	0.069 7	0.072 1	0.076 1	0.079 2	0.081 7	0.083 7	0.085 3	0.088 2	0.093 1

（续表）

l/b z/b	1.0	1.2	1.4	1.6	1.8	2.0	2.4	2.8	3.2	3.6	4.0	5.0	10.0
9.6	0.053 3	0.057 7	0.061 4	0.064 5	0.067 2	0.069 6	0.073 4	0.076 5	0.078 9	0.080 9	0.082 5	0.085 5	0.090 5
10.0	0.051 4	0.055 6	0.059 2	0.062 2	0.064 9	0.067 2	0.071 0	0.073 9	0.076 3	0.078 3	0.079 9	0.082 9	0.088 0
10.4	0.049 6	0.053 7	0.057 2	0.060 1	0.062 7	0.064 9	0.068 6	0.071 6	0.073 9	0.075 9	0.077 5	0.080 4	0.085 7
10.8	0.047 9	0.051 9	0.055 3	0.058 1	0.060 6	0.062 8	0.066 4	0.069 3	0.071 7	0.073 6	0.075 1	0.078 1	0.083 4
11.2	0.046 3	0.050 2	0.053 5	0.056 3	0.058 7	0.060 9	0.064 4	0.067 2	0.069 5	0.071 4	0.073 0	0.075 9	0.081 3
11.6	0.044 8	0.048 6	0.051 8	0.054 5	0.056 9	0.059 0	0.062 5	0.065 2	0.067 5	0.069 4	0.070 9	0.073 8	0.079 3
12.0	0.043 5	0.047 1	0.050 2	0.052 9	0.055 2	0.057 3	0.060 6	0.063 4	0.065 6	0.067 4	0.069 0	0.071 9	0.077 4
12.8	0.040 9	0.044 4	0.047 4	0.049 9	0.052 1	0.054 1	0.057 3	0.059 9	0.062 1	0.063 9	0.065 4	0.068 2	0.073 9
13.6	0.038 7	0.042 0	0.044 8	0.047 2	0.049 3	0.051 2	0.054 3	0.056 8	0.058 9	0.060 7	0.062 1	0.064 9	0.070 7
14.4	0.036 7	0.039 8	0.042 5	0.044 8	0.046 8	0.048 6	0.051 6	0.054 0	0.056 1	0.057 7	0.059 2	0.061 9	0.067 7
15.2	0.034 9	0.037 9	0.040 4	0.042 6	0.044 6	0.046 3	0.049 2	0.051 5	0.053 5	0.055 1	0.056 5	0.059 2	0.065 0
16.0	0.033 2	0.036 1	0.038 5	0.040 7	0.042 5	0.044 2	0.046 9	0.049 2	0.051 1	0.052 7	0.054 0	0.056 7	0.062 5
18.0	0.029 7	0.032 3	0.034 5	0.036 4	0.038 1	0.039 6	0.042 2	0.044 2	0.046 0	0.047 5	0.048 7	0.051 2	0.057 0
20.0	0.026 9	0.029 2	0.031 2	0.033 0	0.034 5	0.035 9	0.038 3	0.040 2	0.041 8	0.043 2	0.044 4	0.046 8	0.052 4

【例题 3-2】 如图 3-13 所示的基础底面尺寸为 4.8 m×3.2 m，埋深为 1.5 m，传至地面的中心荷载 F=1 000 kN，用规范法计算最终沉降量。

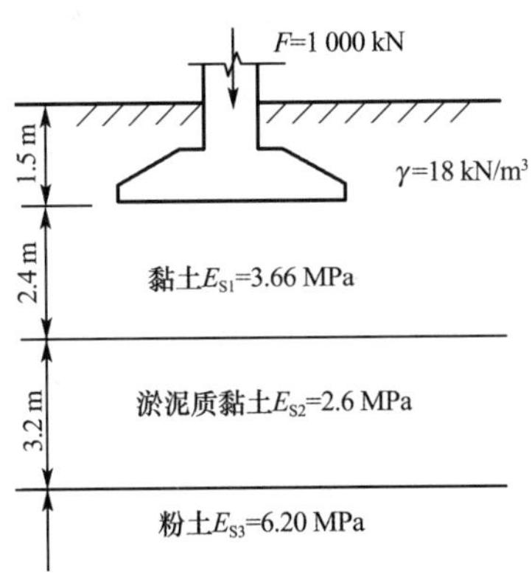

图 3-13　例题 3-2 图

解：(1)基底附加应力：$p_0=\dfrac{1\ 000+20\times1.5\times4.8\times3.2}{4.8\times3.2}-18\times1.5=68.1\ \text{kPa}$

(2)计算过程见表 3-6。

表 3-6 规范法计算地基最终沉降量

深度 z_i/m	$\frac{l}{b}$	$\frac{z}{\frac{b}{2}}$	$\bar{\alpha}$	$z\bar{\alpha}$	$z_i\bar{\alpha}_i - z_{i-1}\bar{\alpha}_{i-1}$	E_{si} /MPa	$\Delta s_i'$ /mm	$\sum \Delta s_i'$ /mm
0	1.5	0	4×0.25=1.000 0	0.000	—	—	—	—
2.4	1.5	1.5	4×0.2108=0.843 2	2.024	2.024	3.66	37.66	37.66
5.6	1.5	3.5	4×0.1392=0.556 8	3.118	1.094	2.60	28.65	66.31
7.4	1.5	4.6	4×0.1150=0.460 0	3.404	0.286	6.20	3.14	69.45
8.0	1.5	5	4×0.1080=0.432 0	3.456	0.052	6.20	0.57	70.02

(3)确定沉降计算深度 z_n：由表 3-6，$z=8$ m 深度范围内的计算变形量为 70.02 mm，相应于 $z=7.4\sim8.0$ m(按表 3-3 规定为向上取 0.6 m)土层的计算变形量 $\Delta s_i'=0.57$ mm $\leqslant 0.025\times70.02$ mm$=1.75$ mm，满足要求，故确定地基变形计算深度 $z_n=8.0$ m。

(4)确定修正系数 ψ_s。

$$\bar{E}_s = \frac{\sum_{i=1}^{n} A_i}{\sum_{i=1}^{n} A_i / E_{si}} = \frac{2.024+1.094+0.286+0.052}{\frac{2.024}{3.66}+\frac{1.094}{2.60}+\frac{0.286}{6.20}+\frac{0.052}{6.20}} = 3.36 \text{ MPa}$$

查表 3-4(当 $p_0 \leqslant 0.75 f_k$)得：$\psi_s=1.04$

(5)计算基础中心点最终沉降量

$$s = \psi_s s' = \psi_s \sum_{i=1}^{4} \frac{p_0}{E_{si}} (z_i \bar{\alpha}_i - z_{i-1} \bar{\alpha}_{i-1}) = 1.04 \times 70.02 = 72.82 \text{ mm}$$

思考题

3.1 试从基本概念、计算公式及适用条件等方面比较压缩模量、变形模量与弹性模量有何异同？它们与材料力学中的杨氏模量有什么区别？

3.2 根据应力历史可将土层分为哪三类？试述它们的定义。

3.3 什么是先期固结压力？如何确定？

3.4 应力历史对土的压缩性有何影响？如何考虑？

习 题

3.1 计算地基沉降的单向压缩分层总和法与《建筑地基基础设计规范》(GB 50007—2011)法有何异同？(试从计算原理、计算公式、分层厚度、沉降计算深度、修正系数等加以比较)

3.2 某方形基础如图 3-14 所示，其压缩试验结果见表 3-7，试按分层总和法计算地基的最终沉降量。

表 3-7　　习题 3.2　土样的压缩试验记录

压力/kPa		0	50	100	200	300	400
孔隙比	1# 土样	0.982	0.964	0.952	0.936	0.924	0.919
	2# 土样	2.190	2.065	0.995	0.905	0.850	0.810

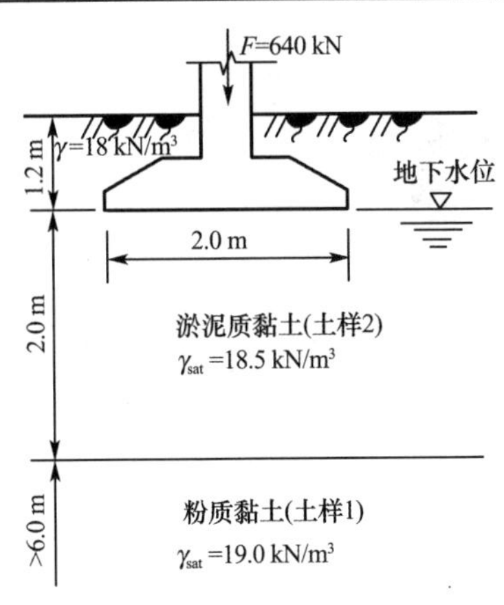

图 3-14　习题 3.2 图

3.3　某矩形基础及地质资料如图 3-15 所示，试用《建筑地基基础设计规范》(GB 50007—2011)法计算地基的最终沉降量($\psi_s=1.2$)。(答案:69.1 mm)

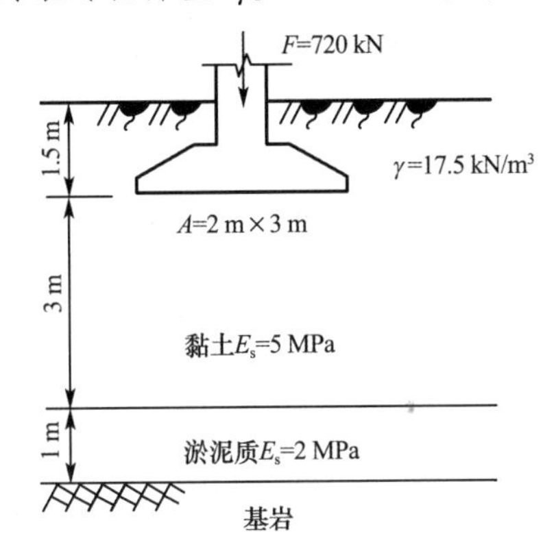

图 3-15　习题 3.3 图

第4章 土体的渗透性及饱和土的渗流固结理论

微课 4
土的渗透性

4.1 土体的渗透性

土是具有孔隙的三相介质，在水头差的作用下，水会通过土体中的孔隙从压力大的地方向压力小的地方流动。水透过土孔隙流动的现象，称为渗透。土体具有被水流透过的性质称为土的渗透性，或称为透水性。

土的渗透性与土的性质密切相关，对于无黏性土，土颗粒粒径比较大，颗粒之间的孔隙较大，水流容易通过，因此渗透性强。而黏性土由于颗粒细小，孔隙通道更小，水在其中流过时阻力很大，不容易通过，因此渗透性弱。

水在土体中运动有层流和紊流两种形式。水在土体微小孔隙中流动时受到的黏滞阻力很大，流速缓慢，各流线相互平行，称为层流运动；在岩石的裂隙或者孔洞中流动时，水流速度大，其流线出现相互交错的现象，称为紊流运动。在土力学中，我们主要研究层流运动。

水在土中的渗流是由水头差和水力梯度引起的，根据伯努利能量定理，土中某一点的渗透总水头可以表示为

$$h=\frac{v^2}{2g}+\frac{p}{\gamma_w}+z \tag{4-1}$$

式中 h——总水头，m；

v——流速，m/s；

g——重力加速度，m/s^2；

p——水压，kPa；

γ_w——水的重度，kN/m^3；

z——基准面高程，m。

当水在土中渗流时，其速度很慢，因此由速度引起的水头差可以忽略，即

$$h=\frac{p}{\gamma_{\mathrm{w}}}+z \tag{4-2}$$

如图 4-1 所示，A、B 两点的水头差为

$$\Delta h=h_A-h_B=(\frac{p_A}{\gamma_{\mathrm{w}}}+z_A)-(\frac{p_B}{\gamma_{\mathrm{w}}}+z_B)$$

则水力梯度 $i=\frac{\Delta h}{L}$。

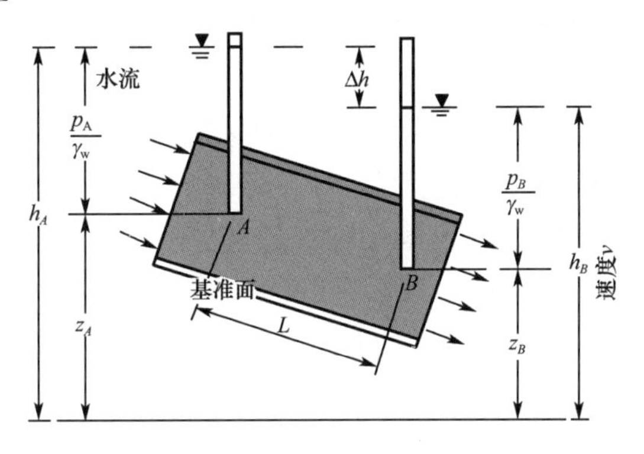

图 4-1 土中渗流水头变化

4.1.1 土体的渗透定律——达西定律

法国学者达西(Darcy,1855)利用图 4-2 所示的试验装置对均匀砂进行了大量渗透试验，得出了层流条件下，土中水渗流速度与能量(水头)损失之间关系的渗流规律，即达西定律。

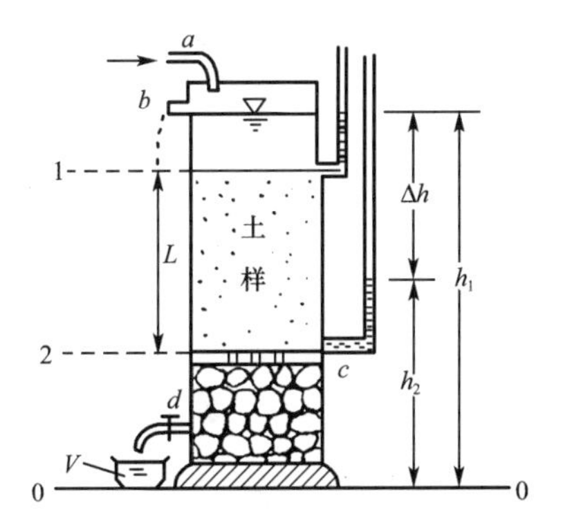

图 4-2 达西渗透试验装置

水在土体中的渗流速度与任意两点水头差呈正比，与相应的渗流路径长度呈反比，表达式为

$$v=k\frac{\Delta h}{L}=ki \tag{4-3}$$

或

$$q=vA=kiA \tag{4-4}$$

$$i=\frac{\Delta h}{L}$$

式中 v——渗透速度，m/s；

q——渗流量，cm^3/s 或 m^3/s；

i——水力梯度，表示沿渗流方向单位距离的水头损失，无量纲；

Δh——试样两端面间的水头差，cm 或 m；

L——渗流路径长度，cm 或 m；

k——渗透系数，cm/s 或 m/s，其物理意义相当于水力梯度 $i=1$ 时的渗透速度；

A——试样截面积，cm^2 或 m^2。

式(4-3)或式(4-4)即为达西定律表达式，达西定律表明在层流状态的渗流中，渗流速度 v 与水力梯度 i 的一次方呈正比。但是，对于密实的黏土，由于土中水大部分是强结合水，也称为吸着水，具有较大的黏滞阻力，因此，只有当水力梯度达到某一数值，克服了吸着水的黏滞阻力后，才能发生渗透。将这一开始发生渗透时的水力梯度称为黏性土的起始水力梯度。一些试验资料表明，当水力梯度超过起始水力梯度后，渗流速度与水力梯度的规律还偏离达西定律而呈非线性关系，如图 4-3(b)中的实线所示，为了实用方便，常用图中的虚直线来描述密实黏土的渗流速度与水力梯度的关系，表达为

$$v=k(i-i_b) \tag{4-5}$$

式中，i_b 为密实黏土的起始水力梯度；其余符号同前。

另外，试验也表明，在砾土和巨粒土中，只有在小的水力梯度下，渗流速度与水力梯度才呈线性关系，而在较大的水力梯度下，水在土中的流动即进入紊流状态，呈非线性关系，此时达西定律同样不能适用，如图 4-3(c)所示 $v=k\sqrt{i}$。

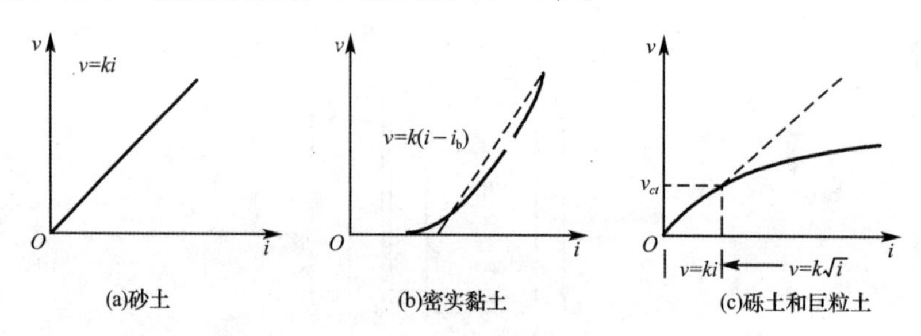

图 4-3 土的渗流速度与水力梯度的关系

4.1.2 渗透系数的测定和影响因素

渗透系数是衡量土体渗透性的重要物理指标，它的大小只能通过试验直接测定。渗透系数的测定方法可以分为室内试验和现场试验两大类。虽然从试验结果来看，现场试验比室内试验所得结果更接近实际，但是现场试验工作量较大，时间较长，难以做到多次重复试验，所以除重大工程需要进行现场试验外，一般只进行室内试验。本节以介绍室内试验为主。

1. 室内渗透试验测定渗透系数

室内测定土的渗透系数的仪器和方法较多，但从试验原理上可分为常水头试验和变水头试验，前者适用于透水性强的无黏性土，后者适用于透水性弱的黏性土。

常水头法是在整个试验过程中，水头保持不变，其试验装置如图4-4所示。前文所述的达西渗透试验也属于这种类型。

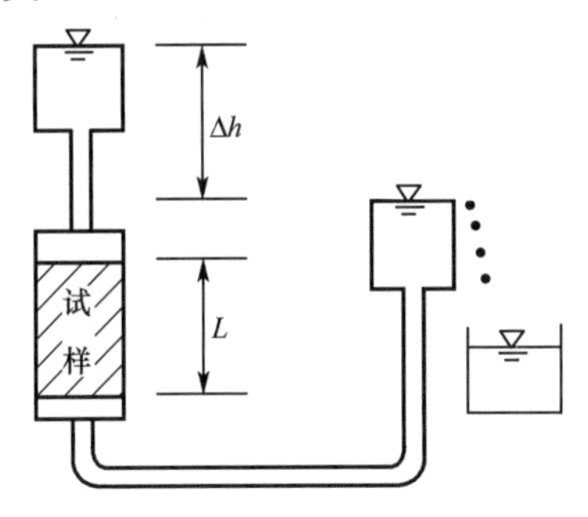

图4-4 常水头试验装置

设试样的高度即渗流长度为 L，截面积为 A，试验时的水位差为 Δh，以上三个值均可直接测得。试验开始时，先打开供水阀门，使水自上而下通过试样，待水在试样中的渗流达到稳定后，测得时间 t 内流经试样的流量为 Q，则可按照达西定律得到

$$Q=qt=k\frac{\Delta h}{L}At \tag{4-6}$$

可得到土样的渗透系数为

$$k=\frac{QL}{A\Delta ht} \tag{4-7}$$

黏性土由于渗透系数很小，流经试样的水量很小，难以直接准确量测，因此，应采用变水头法。试验过程中，水头随着时间而变化，其试验装置如图4-5所示。试样的一端与细玻璃管相接，在试验过程中量测某一时段内细玻璃管中水位的变化，就可根据达西定律，求得土的渗透系数。

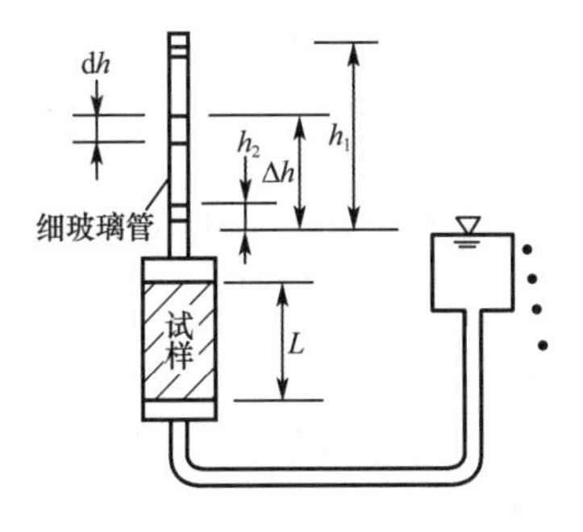

图4-5 变水头试验装置

设细玻璃管的内截面面积为 a，试验开始以后任一时刻 t 的水位差为 h，经过时段 $\mathrm{d}t$，细玻璃管中水位下降 $\mathrm{d}h$，则在时段 $\mathrm{d}t$ 内经过细管的水量为

$$\mathrm{d}Q=-a\mathrm{d}h$$

式中,负号表示渗流量随 h 的减小而增加。

根据达西定律,在时段 dt 内流经试样的水量又可表示为

$$dQ=k\frac{h}{L}A\,dt$$

同一时间内经过土样的渗流量应与细管中的水量相等,即

$$dt=-\frac{aL}{kA}\frac{dh}{h}$$

将上式两边积分得

$$\int_{t_1}^{t_2}dt=-\int_{h_1}^{h_2}\frac{aL}{kA}\frac{dh}{h}$$

即可得到土的渗透系数为

$$k=\frac{aL}{A(t_2-t_1)}\ln\frac{h_1}{h_2}$$

用常用对数表示可得

$$k=2.3\frac{aL}{A(t_2-t_1)}\lg\frac{h_1}{h_2} \tag{4-8}$$

2. 渗透系数的影响因素

影响土的渗透系数的主要因素如下:

(1)土的粒度成分

土的颗粒大小、表面形状以及颗粒级配,通过影响土体中孔隙的大小和形状来影响土体的渗透性。一般土粒越粗、大小越均匀、形状越圆滑,k 值也就越大。当土颗粒粗细混杂时,细颗粒充填在粗颗粒所形成的孔隙中,就会降低土的渗透性。

(2)土的矿物成分

土的矿物成分对于卵石、砂土和粉土等无黏性土的渗透性影响不大,但是对于黏性土的渗透性影响较大。黏性土中含有亲水性较强的黏土矿物(如蒙脱石)或有机质时,由于它们具有吸水膨胀的显著特点,会大大降低土的渗透性,而含有大量有机质的淤泥质土几乎是不透水的。

(3)土的结构和构造

细粒土在天然状态下具有复杂结构,结构一旦扰动,原有的过水通道的形状、大小及其分布就会完全改变,因而 k 值也就不同。扰动土样与击实土样的 k 值通常均比同一密度原状土样的 k 值小。

土的构造对 k 值的影响也很大。例如,在黏性土层中有很薄的砂土夹层的层理构造,会使土在水平方向的 k_h 值比垂直方向的 k_h 值大几倍,甚至几十倍。因此,在室内做渗透试验时,土样的代表性很重要。

(4)土中气体

土中封闭气体阻塞渗流通道,使土的渗透系数降低。封闭气体含量越多,土的渗透性越弱。所以,在进行渗透试验时,要求土样充分饱和。

(5)水的温度

试验表明,渗透系数 k 与渗流液体(水)的重度 γ_w 以及黏滞度 η 有关。水温不同时,γ_w 相差不多,但 η 变化较大。水温越高,η 值越低;k 与 η 基本上呈线性关系。因此,在温度 T 时测得的 k_T 值应加温度修正,使其成为标准温度下的渗透系数值。目前《土工试验方法标准》(GB/T 50123—2019)和《公路土工试验规程》(JTG E40—2007)均采用20 ℃为标准温度。因此在标准温度 20 ℃下的渗透系数应按式(4-9)计算,即

$$k_{20}=\frac{\eta_T}{\eta_{20}}k_T \tag{4-9}$$

式中 k_T、k_{20}——温度为 T 和 20 ℃时土的渗透系数;

η_T、η_{20}——温度为 T 和 20 ℃时土的黏滞度。

4.1.3 层状地基的等效渗透系数

天然沉积土往往由厚薄不均且渗透性不同的土层组成,宏观上具有非均匀性。成层土的渗透性质除了与各土层的渗透性有关外,也与渗流的方向有关。对于平面问题中平行于土层层面和垂直于土层层面的简单渗流情况,当各土层的渗透系数和厚度为已知时,可求出整个土层与层面平行和垂直的平均渗透系数,作为进行渗流计算的依据。

首先,考虑与层面平行的渗流情况。图 4-6(a)为在渗流场中截取的渗流长度为 L 的一段与层面平行的渗流区域,各土层的水平向渗透系数分别为 k_{1x}、k_{2x}、…、k_{nx},厚度分别为 H_1、H_2、…、H_n,总厚度为 H。若通过各土层的单位渗流量为 q_{1x}、q_{2x}、…、q_{nx},则通过整个土层的总单位渗流量 q_x 应为各土层单位渗流量之总和,即

$$q_x = q_{1x} + q_{2x} + \cdots + q_{nx} = \sum_{i=1}^{n} q_{ix} \tag{4-10}$$

根据达西定律,总的单位渗流量又可表示为

$$q_x = k_x i H \tag{4-11}$$

式中 k_x——与层面平行的土层平均渗透系数;

i——土层的平均水力梯度,$i=\Delta h/L$

对于这种条件下的渗流,通过各土层相同距离的水头损失均相等。因此,各土层的水力梯度与整个土层的平均水力梯度也应相等。于是任一土层的单位渗流量为

$$q_{ix} = k_{ix} i H_i \tag{4-12}$$

将式(4-11)和式(4-12)代入式(4-10)后可得整个土层与层面平行的平均渗透系数为

$$k_x = \frac{1}{H}\sum_{i=1}^{n} k_{ix} H_i \tag{4-13}$$

对于垂直渗流即水流方向与层面垂直情况,如图 4-6(b)所示。设通过各土层的单位渗流量为 q_{1y}、q_{2y}、…、q_{ny},通过整个土层的单位渗流量为 q_y,根据水流连续原理,有 $q_{iy}=q_y$,土体总过水断面面积 A 与各土层的过水断面面积 A_i 相等,根据达西定律 $v=\frac{q}{A}=ki$,

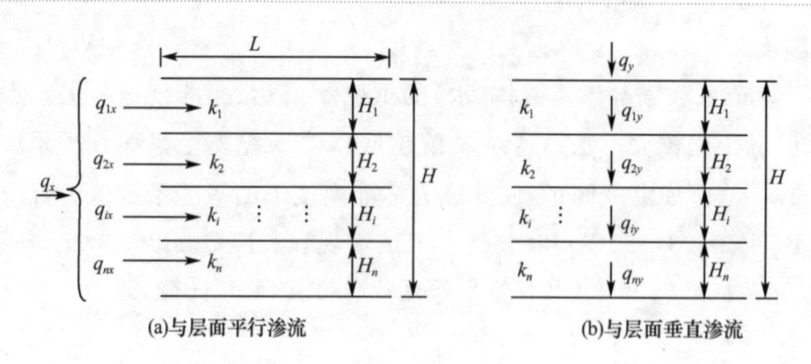

图 4-6 成层土的渗流

可知土体总流速 v_y 与各土层的流速 v_{iy} 相等，即

$$v_y = k_y i = v_{iy} = k_{iy} i_i$$

每一土层的水力梯度 $i_i = \dfrac{\Delta h_i}{H_i}$，整个土层的水力梯度 $i = \dfrac{\Delta h}{H}$，根据总的水头损失 Δh 等于每一土层水头损失 Δh_i 之和，则有

$$\Delta h = iH = \frac{v_y}{k_y}H = \sum_{i=1}^{n} \frac{v_{iy}}{k_{iy}} H_i \tag{4-14}$$

将 $v_y = v_{iy}$ 代入式(4-11)得

$$\frac{H}{k_y} = \sum_{i=1}^{n} \frac{H_i}{k_{iy}}$$

$$k_y = \frac{H}{\sum\limits_{i=1}^{n} \dfrac{H_i}{k_{iy}}} = \frac{H}{\dfrac{H_1}{k_{1y}} + \dfrac{H_2}{k_{2y}} + \cdots + \dfrac{H_n}{k_{ny}}} \tag{4-15}$$

由式(4-10)、式(4-12)可知，对于成层土，如果各土层的厚度大致相近，而渗透却相差悬殊时，与层面平行的平均渗透系数将取决于最透水土层的厚度和渗透性，并可近似地表示为 $k'H'/H$，式中 k' 和 H' 分别为最透水土层的渗透系数和厚度；而与层面垂直的平均渗透系数将取决于最不透水层的厚度和渗透性，并可近似地表示为 $k''H'/H''$，式中 k'' 和 H'' 分别为最不透水层的渗透系数和厚度。因此，成层土与层面平行的平均渗透系数总大于与层面垂直的平均渗透系数。

4.2 二维渗流与流网

上述渗流属简单边界条件下的一维渗流，可用达西定律进行渗流计算。但实际工程中，边界条件复杂，如堤坝、围堰、边坡工程中的渗流，水流形态往往是二维或三维的，介质内的流动特性逐点不同，不能再视为一维渗流。

对于堤坝、围堰、边坡等工程，如果构筑物的轴线长度远远大于其横断面尺寸，可以认为渗流仅发生在横断面内，只要研究任一横断面的渗流特性，也就掌握了整个渗流场的渗流情况。把这种渗流称为二维渗流或平面渗流。

4.2.1 二维渗流方程

当渗流场中水头及流速等渗流要素不随时间改变时，这种渗流称为稳定渗流。

现从稳定渗流场中任意点 A 取一微单元体，面积为 $\mathrm{d}x\mathrm{d}z$，厚度为 $\mathrm{d}y=1$，在 x 和 z 方向各有渗流 v_x 和 v_z，如图 4-7 所示。

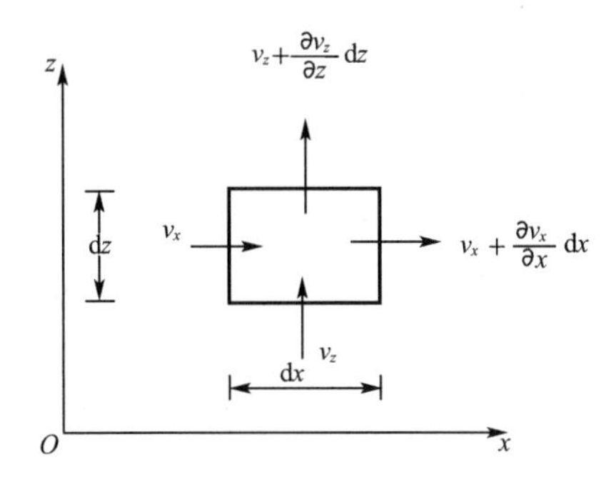

图 4-7 二维渗流的连续条件

单位时间内流入这个微单元体的渗流量为 $\mathrm{d}q_\mathrm{e}$，则

$$\mathrm{d}q_\mathrm{e}=v_x\mathrm{d}z\cdot 1+v_z\mathrm{d}x\cdot 1$$

单位时间内流出这个微单元体的渗流量为 $\mathrm{d}q_0$，则

$$\mathrm{d}q_0=(v_x+\frac{\partial v_x}{\partial x}\mathrm{d}x)\mathrm{d}z\cdot 1+(v_z+\frac{\partial v_z}{\partial z}\mathrm{d}z)\mathrm{d}x\cdot 1$$

假定水不可压缩，则根据水流连续原理，单位时间内流入和流出微单元体的水量应相等，即

$$\mathrm{d}q_\mathrm{e}=\mathrm{d}q_0$$

从而得出

$$\frac{\partial v_x}{\partial x}+\frac{\partial v_z}{\partial z}=0 \tag{4-16}$$

式(4-13)即为二维渗流连续方程。

根据达西定律，对于各向异性土有

$$v_x=k_x i_x=k_x\frac{\partial h}{\partial x} \tag{4-17}$$

$$v_z=k_z i_z=k_z\frac{\partial h}{\partial z} \tag{4-18}$$

式中 k_x、k_z——x 和 z 方向的渗透系数；

h——测压管水头，m。

将式(4-14)和式(4-15)代入式(4-13)可得

$$k_x\frac{\partial^2 h}{\partial x^2}+k_z\frac{\partial^2 h}{\partial z^2}=0 \tag{4-19}$$

对于各向同性的均质土，$k_x=k_z$，则式(4-16)可表达为

$$\frac{\partial^2 h}{\partial x^2}+\frac{\partial^2 h}{\partial z^2}=0 \tag{4-20}$$

式(4-17)即著名的拉普拉斯方程，也是平面稳定渗流的基本方程。通过求解一定边界条件下的拉普拉斯方程，即可求得该条件下的渗流场。

4.2.2 流网

由拉普拉斯方程可知，渗流场内任一点水头是其坐标的函数，知道了水头分布，即可确定渗流场的其他特征。求解拉普拉斯方程一般有四类方法，即数学解析法、数值解法、电模拟法、图解法。其中图解法简便、快速，在工程中实用性强，因此，以下简要介绍图解法。图解法是用绘制流网的方法求解拉普拉斯方程的近似解。

1. 流网的特征

流网是由流线和等势线所组成的曲线正交网格。在稳定渗流场中，流线表示水质点的流动路线，流线上任一点的切线方向就是流速矢量的方向。等势线是渗流场中势能或水头的等值线。

对于各向同性渗流介质，流网具有下列特征：

(1)流线与等势线互相正交。

(2)流线与等势线构成的各个网格的长宽比为常数，当长宽比为1时，网格为曲线正方形，这也是最常见的一种流网。

(3)相邻等势线之间的水头损失相等。

(4)各个流槽的渗流量相等。

2. 流网的绘制

如图4-8所示，流网绘制步骤如下：

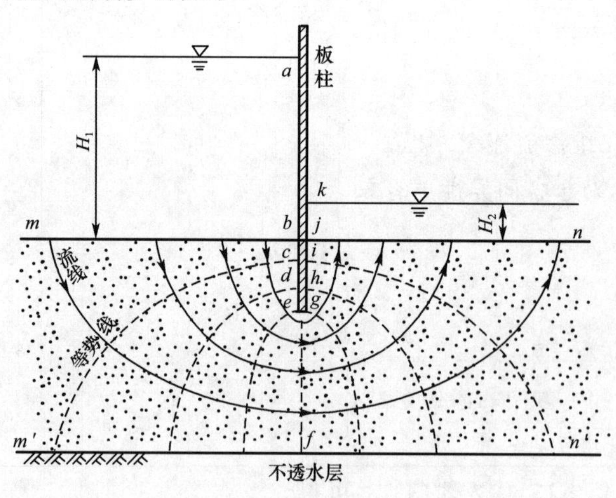

图4-8 二维流网

(1)按一定比例绘出结构物和土层的剖面图。

(2)判定边界条件。

(3)先试绘若干条流线(应相互平行、不交叉,且是缓和曲线),流线应与进水面、出水面正交,并与不透水面接近平行,不交叉。

(4)加绘等势线,必须与流线正交,且每个渗流区的形状接近"方块"。

上述过程不可能一次就合适,经反复修改调整,直到满足上述条件为止。

根据流网,就可以直观地获得渗流特性的总体轮廓,并可定量求得渗流场中各点的水头、水力梯度、渗流速度和渗流量。

3. 流网的工程应用

根据流网的分布规律,可以直观的获得所研究对象的渗流特性,并可定量求得渗流场中各点的水头损失、孔隙水压力、水力梯度、渗流速度和渗流量等。

(1)水头损失

设渗流总水头差为 ΔH,流网中每一个网格的长宽分别为 ΔL、b,则根据流网特征,相邻等势线间的水头损失 Δh 为

$$\Delta h=\frac{\Delta H}{N_d}(N_d \text{ 为等势线条数减 } 1) \tag{4-21}$$

(2)孔隙水压力

渗流场中某点孔隙水压力 u 等于该点测压管中水柱高度 h_u 与水的重度 γ_w 的乘积,即

$$u=\gamma_w h_u \tag{4-22}$$

同一等势线上各点具有相同的势能(或水头),但孔隙水压力不相同。

(3)水力梯度

流网中任意网格的平均水力梯度为

$$i=\frac{\Delta h}{\Delta L} \tag{4-23}$$

式中,ΔL 为计算网格处流线的平均长度。

式(4-20)表明流网中网格越密的地方水力梯度越大。

(4)渗流速度

根据达西定律可确定渗流速度 $v=ki$,方向为流线的切线方向。

(5)渗流量

如图 4-8 所示,每个流槽的渗流量 Δq 为

$$\Delta q=Aki=(b\times 1)k\frac{\Delta h}{\Delta L}=k\Delta h\frac{b}{\Delta L}=k\frac{\Delta H}{N_d}\frac{b}{\Delta L} \tag{4-24}$$

式中,A 为网格的过流断面。

当网格的 $\Delta L/b=1$ 时,总渗流量为

$$q=k\sum_{i=1}^{N_f}\left(\frac{\Delta H}{N_d}\right)_i=k\Delta H\frac{N_f}{N_d} \tag{4-25}$$

式中,N_f 为流槽数,等于流线数减 1。

4.3 渗流力和渗透变形

渗流引起的渗透破坏问题主要有两大类：一是由于渗流力的作用，使土体颗粒流失或局部土体产生移动，导致土体变形甚至失稳；二是由于渗流力的作用，使水压力或浮力发生变化，导致土体或结构物失稳。前者主要表现为流砂和管涌，后者则表现为岸坡滑动或挡土墙等构造物整体失稳。这里先介绍渗流力，再介绍流砂和管涌现象。关于渗流对土坡稳定的影响将在第 7 章介绍。

4.3.1 渗流力和临界水力梯度

水在土体中流动时，由于受到土粒的阻力而引起水头损失，从作用力与反作用力的原理可知，水流经过时必定对土颗粒施加一种渗流作用力。为研究方便，称单位体积土颗粒所受到的渗流作用力为渗流力或动水力。

如图 4-9 所示的渗透破坏试验中，假设将土骨架和水分开来取隔离体，则对假想水柱隔离体来说，作用在其上的力有：

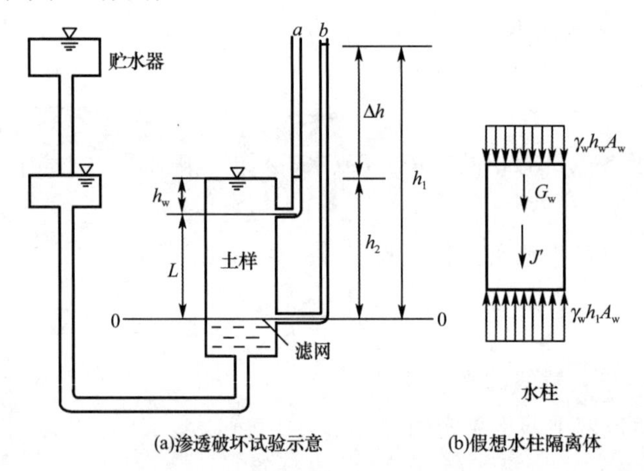

图 4-9　饱和土体中的渗流力计算

(1)水柱重力 G_w 为土中水重力和土粒浮力的反力(等于土粒同体积的水重)之和，即

$$G_w = V_v\gamma_w + V_s\gamma_w = V\gamma_w = LA_w\gamma_w$$

(2)水柱上下两端面的边界水压力，$\gamma_w h_w$ 和 $\gamma_w h_1$。

(3)土柱内土粒对水流的阻力，应与渗流力的大小相等、方向相反。设单位土体内的渗流力和土粒对水流阻力分别为 J 和 T，则总阻力 $T' = TLA_w$，方向竖直向下，而渗流力 $J = T$，方向竖直向上。

现考虑假想水柱隔离体的平衡条件，可得

$$A_w\gamma_w h_w + G_w + T' = \gamma_w h_1 A_w$$

$$T=\frac{\gamma_w(h_1-h_w-L)}{L}=\frac{\gamma_w\Delta h}{L}=\gamma_w i$$

得到

$$J=T=\gamma_w i \tag{4-26}$$

由式(4-23)可知，渗流力是一种体积力，量纲与 γ_w 相同。渗流力的大小和水力梯度呈正比，其方向与渗透方向一致。

4.3.2 土的渗透变形

渗透变形是指渗透水流将土体的细颗粒冲走、带走或者局部土体产生移动，导致土体变形的现象。根据土体局部破坏的特征，渗透变形可分为流土和管涌两种形式。

1. 流土

如图 4-9 所示的试验装置中，若贮水器不断上提，则 Δh 逐渐增大，从而作用在土体中的渗流力也逐渐增大。当 Δh 增大到某一数值，向上的渗流力克服了向下的重力时，土体就要发生浮起或受到破坏。将这种在向上的渗流力作用下，颗粒间有效应力为零时，颗粒群发生悬浮、移动的现象称为流砂现象或流土现象。

这种现象多发生在颗粒级配均匀的饱和细、粉砂和粉土层。它的发生一般是突发性，对工程危害极大，如图 4-10 所示。

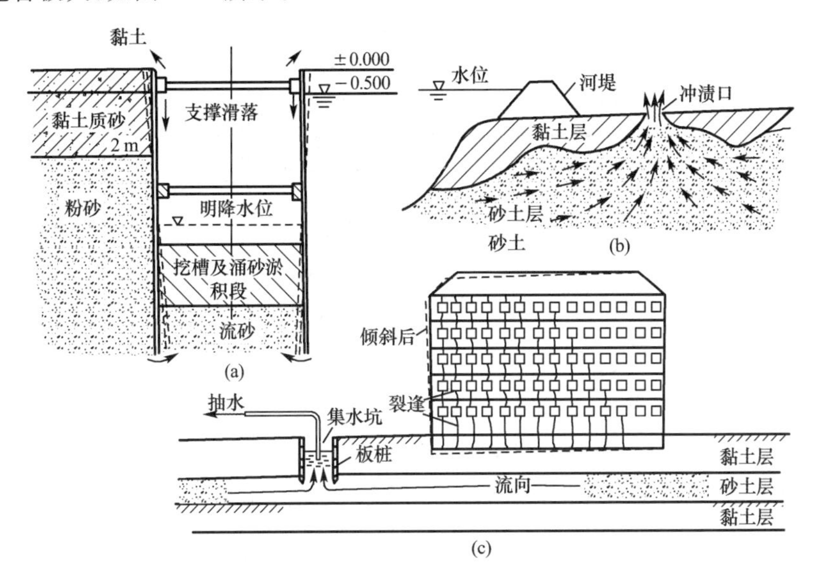

图 4-10 流砂现象引起破坏

流砂现象的产生不仅取决于渗流力的大小，同时与土的颗粒级配、密度及透水性等条件相关。由于渗透水流对单位体积土体向上的作用力为 j，而土颗粒垂直向下单位体积的有效重力为 γ'，定义土开始产生流砂现象时的水力梯度为临界水力梯度 i_{cr}，那么土体发生失稳的临界状态时有

$$j=\gamma_w i_{cr}=\gamma' \tag{4-27}$$

$$i_{cr}=\frac{\gamma'}{\gamma_w}=(d_s-1)(1-n) \tag{4-28}$$

工程上，通常将临界水力梯度 i_{cr} 除以稳定安全系数 K 作为容许水力梯度[i]，设计时在结构物的下游渗流溢出处的水力梯度应该满足以下条件，即

$$i\leqslant[i]=\frac{i_{cr}}{K}$$

通常取 $K=2.0\sim2.5$。

流砂现象的防治原则是：①减小或消除水头差，如采取基坑外的井点降水法降低地下水位，或采取水下挖掘；②增长渗流路径，如打板桩；③在向上渗流出口处地表用透水材料覆盖压重以平衡渗流力；④土层加固处理，如冻结法、注浆法等。

2. 管涌

在渗透水流作用下，土中的一些细小颗粒在粗颗粒形成的孔隙中移动，以致被水流带走，随着土的孔隙不断扩大，渗流速度不断增大，较粗的颗粒也相继被水流逐渐带走，最终导致土体内形成贯通的渗流管道（图 4-11），造成土体塌陷，这种现象称为管涌。可见，管涌破坏一般有一个时间发展过程，是一种渐进性质的破坏。

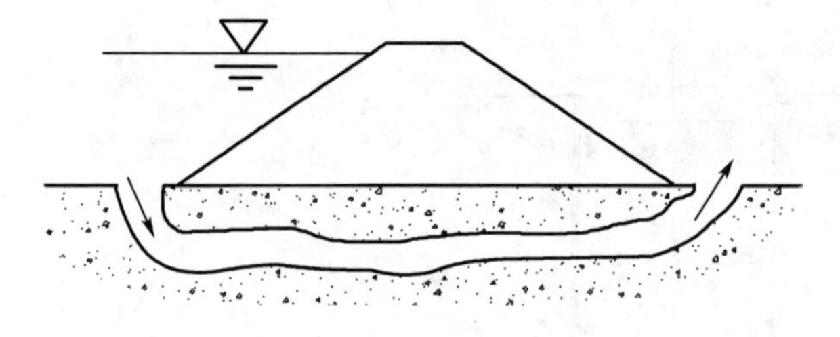

图 4-11 通过坝基的管涌图

土是否发生管涌，首先取决于土的性质，管涌多发生在砂性土中，其特征是颗粒大小差别较大，往往缺少某种粒径，孔隙直径大且相互连通。无黏性土产生管涌必须具备两个条件：

①几何条件：土中粗颗粒所构成的孔隙直径必须大于细颗粒所构成的孔隙直径，一般不均匀系数 $C_u>10$ 的土才会发生管涌。

②水力条件：渗流力能够带动细颗粒在孔隙间滚动或移动是发生管涌的水力条件，可用管涌的水力梯度来表示，但管涌临界水力梯度的计算至今尚未成熟。对于重大工程，应尽量由试验确定。

防治管涌现象，一般可从下列两个方面采取措施：

①改变水力条件，降低水力梯度，如打板桩。

②改变几何条件，在渗流溢出部位铺设反滤层是防止管涌破坏的有效措施。

4.4 太沙基一维渗流固结理论

4.4.1 基本假定

为求饱和土层在渗透固结过程中任意时间的变形，通常采用 K. 太沙基(Terzaghi，1925)提出的一维固结理论进行计算。其适用条件为荷载面积远大于可压缩土层的厚度，地基中孔隙水主要沿竖向渗流。

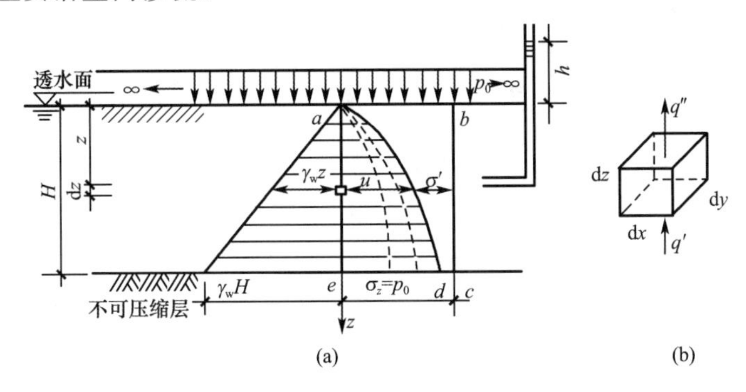

图 4-12 饱和土中孔隙水压力的分布随时间变化情况

图 4-12(a)所示为一维固结的情况之一其中厚度为 H 的饱和土层的顶面是透水的、底面是不透水的。该土层在自重作用下的固结变形已经完成，只是由于透水面上一次施加的连续均布荷载 p_0 引起的地基附加应力沿深度均匀分布为 $\sigma_z=p_0$，其在 $t=0$ 时全部由孔隙水承担，土层中孔隙水压力沿深度均为 $u=\sigma_z=p_0$。

一维固结理论的基本假设如下：

(1)土层是均质、各向同性和完全饱和的。

(2)土粒和孔隙水都是不可压缩的。

(3)土中附加应力沿水平面是无限均匀分布的，因此土层的固结和土中水的渗流都是竖向的。

(4)土中水的渗流服从达西定律。

(5)在渗透固结中，土的渗透系数 k 和压缩系数 a 都是不变的常数。

(6)外荷载是一次骤然施加的，在固结过程中保持不变。

(7)土体变形完全是由土层中孔隙水压力消散引起的。

4.4.2 微分方程及其解析解

在饱和土层顶面下 z 深度处的一个单元体，如图 4-12(b)所示，由于固结时渗流只能是自下向上，在外荷载一次施加后某时间 t(s)流入和流出单元体的单位渗流量 q' 和 q'' 分别为

$$
\left.\begin{aligned}
q' &= kiA = k\left(-\frac{\partial h}{\partial z}\right)\mathrm{d}x\mathrm{d}y \\
q'' &= k\left(-\frac{\partial h}{\partial z} - \frac{\partial^2 h}{\partial z^2}\mathrm{d}z\right)\mathrm{d}x\mathrm{d}y
\end{aligned}\right\} \tag{4-29}
$$

式中　k——z 方向的渗透系数，cm/s；

i——水力梯度；

h——透水面下 z 深度处的超静水头，cm；

A——土单元体的过水面积，cm^2，$A=\mathrm{d}x\mathrm{d}y$。

于是，单元体的单位时间渗流量变化为

$$
q'' - q' = -k\frac{\partial^2 h}{\partial z^2}\mathrm{d}x\mathrm{d}y\mathrm{d}z \tag{4-30}
$$

已知单元体中孔隙体积 $V_v = V_w$ 的变化为

$$
\frac{\partial V_w}{\partial t} = -\frac{\partial}{\partial t}\left(\frac{e}{1+e}\mathrm{d}x\mathrm{d}y\mathrm{d}z\right) \tag{4-31}
$$

式中，e 为土的天然孔隙比。

根据固结渗流的连续条件，单元体在某时间 t 的渗流量变化应等于同一时间 t 该单元体中孔隙体积的变化，因此可令式(4-27)与式(4-28)相等，并考虑到单元体中土粒体积 $\frac{1}{1+e}\mathrm{d}x\mathrm{d}y\mathrm{d}z$ 为不变的常数，从而得

$$
k\frac{\partial^2 h}{\partial z^2} = \frac{1}{1+e}\frac{\partial e}{\partial t} \tag{4-32}
$$

再根据土的应力-应变关系的侧限条件 $\mathrm{d}e = -a\mathrm{d}p = -a\mathrm{d}\sigma'$，得

$$
\frac{\partial e}{\partial t} = -a\frac{\partial \sigma'}{\partial t} \tag{4-33}
$$

式中　a——土的压缩系数，MPa^{-1}；

$\partial\sigma'$——有效应力增量。

将式(4-30)代入式(4-29)得

$$
\frac{k(1+e)}{a}\frac{\partial^2 h}{\partial z^2} = -\frac{\partial \sigma'}{\partial t} \tag{4-34}
$$

据有效应力原理可得

$$
\sigma' = \sigma_z - u
$$

式中　σ_z——单元体中附加应力，如在连续均布荷载作用下则 $\sigma_z = p$；

u——单元体中的孔隙水压力，$u = h\gamma_w$。

将 $\frac{\partial^2 h}{\partial z^2} = \frac{1}{\gamma_w}\frac{\partial^2 u}{\partial z^2}$ 和 $\frac{\partial \sigma'}{\partial t} = -\frac{\partial u}{\partial t}$ 代入式(4-31)得

$$
\frac{k(1+e)}{\gamma_w a}\frac{\partial^2 u}{\partial z^2} = \frac{\partial u}{\partial t} \tag{4-35}
$$

令 $c_v=\dfrac{k(1+e)}{\gamma_w a}$，得

$$c_v\frac{\partial^2 u}{\partial z^2}=\frac{\partial u}{\partial t} \tag{4-36}$$

式中，c_v 为土的竖向固结系数（cm^2/s），它是渗透系数 k、压缩系数 a、天然孔隙比 e 的函数，一般通过固结试验直接测定。

式(4-33)即为饱和土的一维固结微分方程，一般可用分离变量法求解，解的形式可以用傅里叶级数表示。根据图4-12所示的情况，初始条件和边界条件如下：

当 $t=0$ 和 $0\leqslant z\leqslant H$ 时，$u=\sigma_z=p_0$；

$0<t<\infty$ 和 $z=0$ 时，$u=0$；

$0<t<\infty$ 和 $z=H$ 时，$\dfrac{\partial u}{\partial t}=0$；

$t=\infty$ 和 $0\leqslant z\leqslant H$，$u=0$

根据以上的初始条件和边界条件，采用分离变量法可求得式(4-33)的特解为

$$u_{z,t}=\frac{4}{\pi}p\sum_{m=1}^{\infty}\frac{1}{m}\sin\frac{m\pi z}{2H}\exp\left(-\frac{m^2\pi^2}{4}T_v\right) \tag{4-37}$$

$$T_v=\frac{c_v t}{H^2} \tag{4-38}$$

式中 m——正奇整数(1,3,5…)；

T_v——竖向固结时间因数；

t——时间；

H——压缩土层最远的排水距离，当土层为单面排水时，H 取土层厚度；双面排水时，水由土层中心分别向上、下两方向排出，此时 H 应取土层厚度的一半。

4.4.3 单向固结理论的工程应用

土的固结度 U_t 是指地基土在某一压力作用下，经历时间 t 所产生的固结变形（沉降量）与最终固结变形（沉降量）之比，也可定义为土层中孔隙水压力的消散程度，即

$$U_t=\frac{s_t}{s} \tag{4-39}$$

$$U_t=\frac{u_0-u}{u_0} \tag{4-40}$$

式中 s_t——地基在某一时刻 t 的沉降量；

s——地基最终沉降量，简化取分层总和法单向压缩基本公式计算的最终沉降量。

在实际工程中，一般提到的固结度是指土层的平均固结度，即某时间 t 土层骨架已经承担起来的有效应力与全部附加应力的比值。

对于竖向排水情况，可得到竖向排水的平均固结度 U_t 为

$$U_t = 1 - \frac{\int_0^h u_{z,t}\,\mathrm{d}z}{\int_0^h u_0\,\mathrm{d}z} = 1 - \frac{\int_0^h u_{z,t}\,\mathrm{d}z}{p_0 H} \tag{4-41}$$

将式(4-34)代入式(4-38)，积分后得到土层的平均固结度为

$$U_t = 1 - \frac{8}{\pi^2}\sum_{m=1}^{\infty}\frac{1}{m^2}\exp\left(-\frac{m^2\pi^2}{4}T_v\right) \approx 1 - \frac{8}{\pi^2}\exp\left(-\frac{\pi^2}{4}T_v\right) \tag{4-42}$$

为了便于计算，将式(4-39)按照土层中固结应力的分布和排水条件，绘制出 U_t-T_v 关系曲线(图 4-13)。

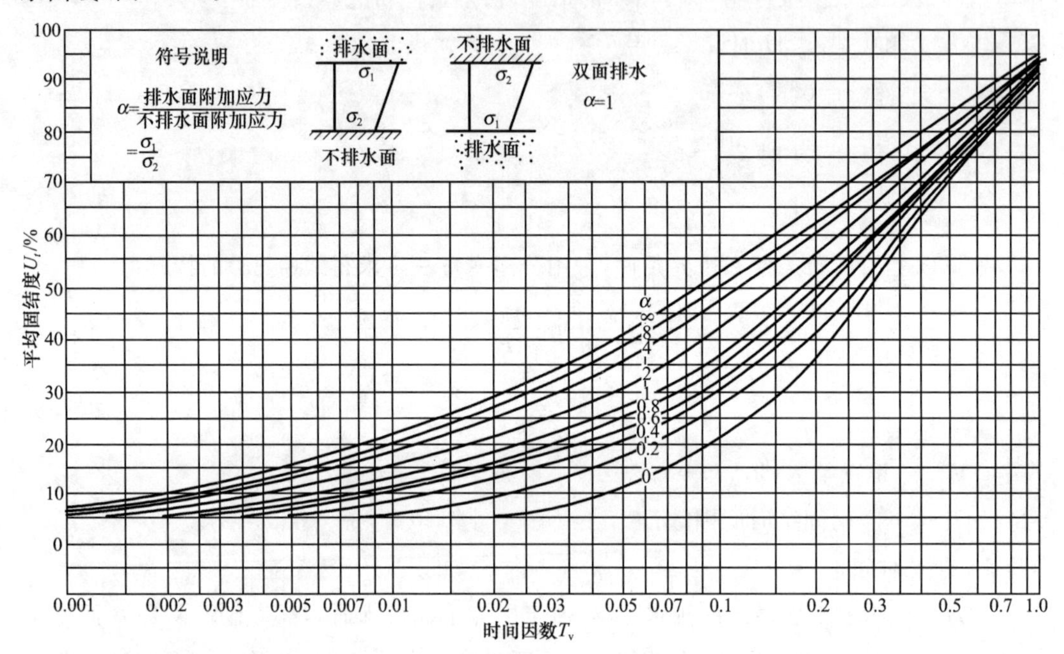

图 4-13 U_t 与 T_v 的关系曲线簇

$$\alpha = \frac{\sigma_1}{\sigma_2} \tag{4-43}$$

式中 σ_1——排水面的固结应力；

σ_2——不排水面的固结应力。

上述单向固结理论的计算都是指单向排水情况。如果土层上、下两面均可排水，则不论土中固结应力如何分布，土层的平均固结度均按固结应力为均匀分布情况进行计算，即双面排水时取 $\alpha=1$，但是计算时间因数 T_v 时，排水距离 H 应取土层厚度的一半。

利用图 4-13 中的曲线可以解决下列两类工程问题：

(1)已知土层的最终沉降量 s，求某时刻 t 的沉降量 s_t。

解决这类问题，首先根据土层的物理指标 k、a、e_0、H 和给定的固结时间 t，计算出土层平均固结系数 C_v 和时间因数 T_v，然后根据固结应力分布形式，利用式(4-40)计算出 α，由图 4-13 中的对应曲线查出相应的固结度 U_t，最后按照式(4-36)求出 t 时刻的土层沉降量 s_t。

(2)已知土层的最终沉降量 s,计算土层达到某一沉降量 s_t 时所需的时间 t。

对于这类问题,首先要按照式(4-36)求出土层的固结度 U_t,再根据固结应力分布形式,利用式(4-40)计算出 α,再由图 4-13 中的对应曲线查出相应的时间因数 T_v,最后按照式(4-34)求出所需的时间 t。

【例 4-1】 设黏土层厚度为 10 m,表面作用着无限均布荷载 $p=196.2$ kPa,上、下边界均为排水砂土层,已知黏土层的初始孔隙比 $e_0=0.9$,渗透系数 $k=2.0$ cm/年$=6.3\times 10^{-8}$ cm/s,压缩系数 $a=0.025\times 10^{-2}$ kPa^{-1}。求:(1)加荷 1 年后,地基沉降量是多少厘米?(2)加荷后历时多久,黏土层的固结度达到 90%?

解:(1)求 $t=1$ 年时的沉降量

无限均布荷载,应力沿深度均匀分布,$\sigma_z=p_0=196.2$ kPa。黏土层最终沉降量为

$$s=\frac{\sigma_z}{E_s}\cdot H=\frac{a\cdot\sigma_z}{1+e_0}\cdot H=\frac{0.025\times 10^{-2}\cdot 196.2}{1+0.9}\cdot 10\times 10^2=25.8\ \text{cm}$$

竖向固结系数为

$$C_v=\frac{k(1+e_0)}{a\cdot\gamma_w}=\frac{2.0\times(1+0.9)}{0.025\times 10^{-2}\times 10\times 10^{-2}}=15.2\times 10^4\ \text{cm}^2/\text{年}$$

时间因数为

$$T_v=\frac{C_v\cdot t}{H^2}=\frac{15.2\times 10^4\cdot 1}{25\times 10^4}=0.608$$

由图 4-13 知,当 $\alpha=1$,得相应的固结度 $U_t=0.83$,那么 $t=1$ 年时的沉降量为

$$s_t=U_t\cdot s=0.83\times 25.8=21.4\ \text{cm}$$

(2)求 $U_t=90\%$时所需的时间

由图 4-13 知,当 $U_t=0.9$ 时,得 $T_v=0.85$,即

$$t=\frac{T_v\cdot H^2}{C_v}=\frac{0.85\times 25\times 10^4}{15.2\times 10^4}=1.4\ \text{年}$$

思考题

4.1 简述渗透定律的意义。渗透系数 k 如何测定?

4.2 动水力如何计算?什么是流砂、管涌现象?这两种现象对工程有何影响?

4.3 什么叫正常固结土、超固结土和欠固结土?土的应力历史对土的压缩性有何影响?

4.4 在饱和土一维固结过程中,土的有效应力和孔隙水压力是如何变化的?

习 题

4.1 如图 4-14 所示为一板桩打入透水土层后形成的流网,渗透系数 $k=3\times 10^{-4}$ mm/s。求:

(1)a、b、c、d、e 各点的孔隙水压力。(答案:a、b、c、d、e 各点的压力分别为:0,

10 kN/m²,150 kN/m²,10 kN/m²,0)

(2)地基的单位时间渗流量。(答案:1.2 mm³/s)

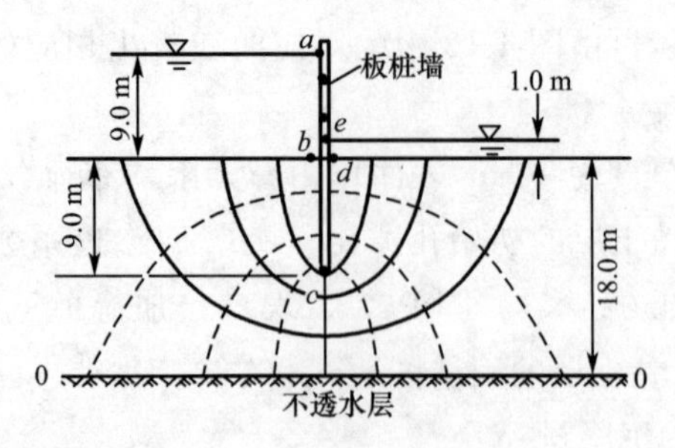

图 4-14　习题 4.1 图

4.2　如图 4-15 所示黏土层,地表瞬时施加无限分布荷载 $p_0=150$ kPa,求:

(1)加荷半年后地基沉降;(答案:133 mm)

(2)固结度达 70%时所需时间。(答案:0.35 年)

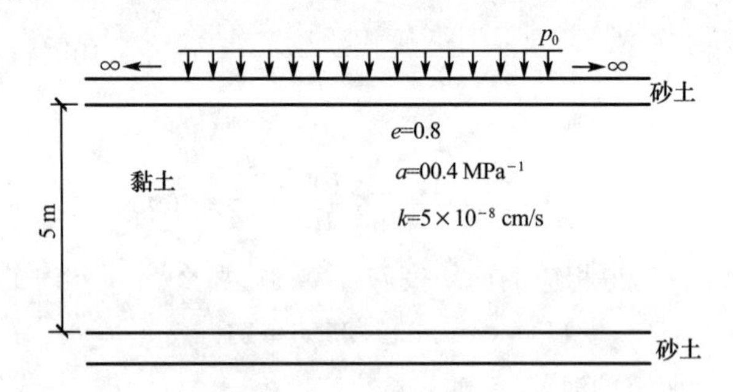

图 4-15　习题 4.2 图

第5章 土的抗剪强度

浅淡土的强度

5.1 概述

由于土的原因引起的建筑物事故中，一方面是由于沉降过大，或是差异沉降过大造成的；另一方面是由于土体的强度破坏而引起的。对土工建筑物(如路堤、土坝等)来说，主要原因是后者。从事故的灾害性来说，强度问题比沉降问题要严重得多。而土体的破坏通常都是剪切破坏；研究土的强度特性，就是研究土的抗剪强度特性。

工程实际中，建筑物地基的失稳破坏、边坡土体的滑动以及挡土墙的倾覆，都与土的抗剪强度有关，土的抗剪强度是决定土体稳定性的关键因素之一。图 5-1 所示为土体工程破坏示意图。

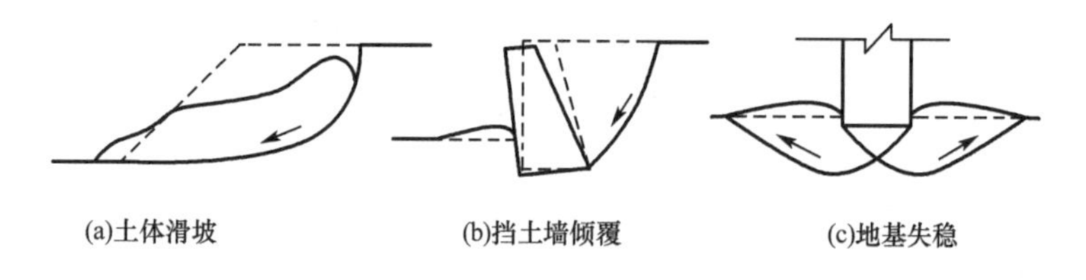

图 5-1　土体工程破坏示意图

土的抗剪强度是指土体抵抗剪切破坏的极限能力。当土中某点在某一平面的剪应力超过土的抗剪强度时，土体就会沿着剪应力作用方向发生一部分相对于另一部分的移动，该点便发生了剪切破坏。若继续增加荷载，土体中发生剪切破坏的点将随之增加，并最终形成一个连续的滑动面，导致土体失稳，进而酿成工程事故。

本章主要介绍土的抗剪强度理论、土的极限平衡条件、土的抗剪强度指标的测定方法及其在工程中的应用。

5.2 土的抗剪强度理论

5.2.1 库仑定律

1773 年，法国学者库仑根据砂土的试验结果（图 5-2(a)），提出土的抗剪强度 τ_f 在应力变化不大的范围内，可表示为剪切滑动面上法向应力 σ 的线性函数，即

$$\tau_f=\sigma\tan\varphi \tag{5-1}$$

之后，库仑又根据黏性土的试验结果（图 5-2(b)），提出更为普遍的抗剪强度的公式，即

$$\tau_f=c+\sigma\tan\varphi \tag{5-2}$$

式中 τ_f——土的抗剪强度，kPa；

σ——作用在剪切滑动面上的法向应力，kPa；

c——土的黏聚力，kPa；

φ——土的内摩擦角，(°)。

c、φ 称为土的总应力抗剪强度指标。

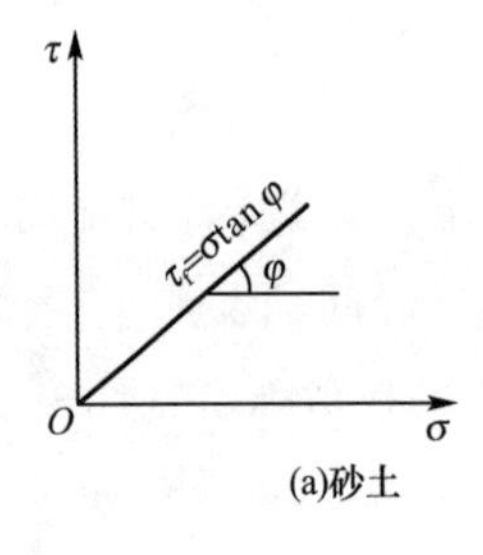

(a)砂土

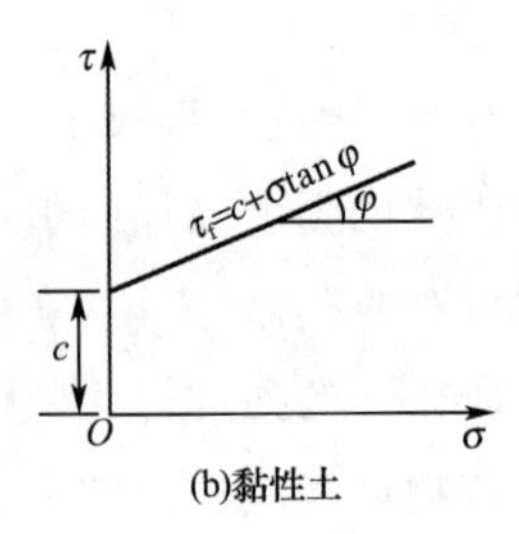

(b)黏性土

图 5-2 抗剪强度(τ_f)与法向应力(σ)的关系

库仑定律说明：

(1)土的抗剪强度由土的内摩擦力 $\sigma\tan\varphi$ 和黏聚力 c 两部分组成。

(2)内摩擦力与剪切滑动面上的法向应力呈正比，其比值为土的内摩擦系数。

(3)表征抗剪强度指标：土的内摩擦角 φ 和黏聚力 c。

无黏性土的 $c=0$，内摩擦角 φ 主要取决于土粒表面的粗糙程度和土粒交错排列的情况；土粒表面越粗糙，棱角越多，密实度越大，则土的内摩擦角越大。

1936 年，太沙基(Terzaghi)提出了有效应力原理。根据有效应力原理，土中总应力等于有效应力和孔隙水压力之和，只有有效应力的变化才会引起强度和变形的变化。因此，土的抗剪强度 τ_f 可表示为剪切滑动面上有效法向应力 σ' 的函数，库仑公式相应可改写为如下形式，即

$$\tau_f=c'+\sigma'\tan\varphi'=c'+(\sigma-u)\tan\varphi' \tag{5-3}$$

式中 c'——土的有效黏聚力，kPa；

σ'——作用在剪切滑动面上的有效法向应力，kPa；

u——土中的孔隙水压力，kPa；

φ'——土的有效内摩擦角，(°)。

c'、φ'称为土的有效抗剪强度指标，对于同一种土，其值理论上与试验方法无关，应接近于常数。

5.2.2 摩尔-库仑(Mohr-coulomb)强度理论

1910年摩尔提出材料产生剪切破坏时，破坏面上的τ_f是该面上法向应力σ的函数，即

$$\tau_f = f(\sigma) \tag{5-4}$$

如图5-3所示，该函数在直角坐标系中为一条曲线，称为摩尔包线。土的摩尔包线可近似用直线表示，其表达式为库仑公式表示的直线方程。用库仑公式表示摩尔包线的土体抗剪强度理论称为摩尔-库仑(Mohr-coulomb)强度理论。

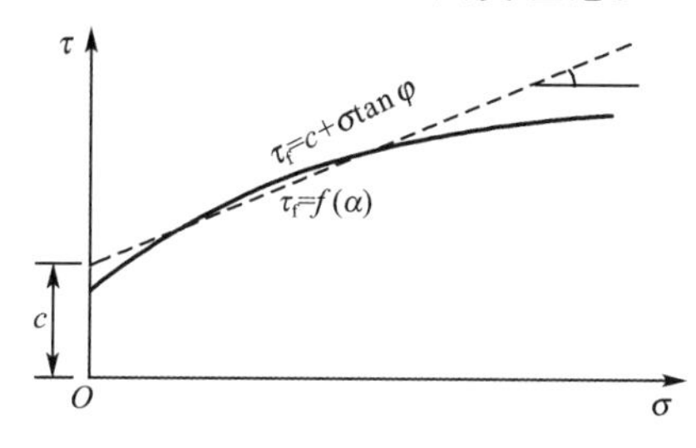

图5-3 摩尔包线

5.3 土的极限平衡条件

5.3.1 土中一点的应力

在土体中取一单元体(图5-4(a))，设作用在该单元体上的大、小主应力分别为σ_1和σ_3，在单元体内与大主应力σ_1作用面呈任意角α的m-n面上的法向应力和剪应力分别为σ和τ。为了建立σ、τ与σ_1、σ_3间的关系，截取楔形隔离体abc(图5-4(b))，将各力分别在水平和竖直方向进行分解，根据静力平衡条件得

$$\sum F_x = 0 \quad \sigma_3 \mathrm{d}s\sin\alpha - \sigma \mathrm{d}s\sin\alpha + \tau \mathrm{d}s\cos\alpha = 0$$

$$\sum F_y = 0 \quad \sigma_1 \mathrm{d}s\cos\alpha - \sigma \mathrm{d}s\cos\alpha - \tau \mathrm{d}s\sin\alpha = 0$$

联立求解以上方程可以得到斜截面m-n上的法向应力σ和剪应力τ为

$$\sigma = \frac{\sigma_1 + \sigma_3}{2} + \frac{\sigma_1 - \sigma_3}{2}\cos 2\alpha \tag{5-5}$$

$$\tau = \frac{\sigma_1 - \sigma_3}{2}\sin 2\alpha \tag{5-6}$$

可见，在σ_1和σ_3已知的情况下，斜截面m-n上的法向应力和剪应力仅与斜截面倾角有关。由式(5-5)、式(5-6)得到

$$\left(\sigma - \frac{\sigma_1 + \sigma_3}{2}\right)^2 + \tau^2 = \left(\frac{\sigma_1 - \sigma_3}{2}\right)^2 \tag{5-7}$$

式(5-7)表示圆心为$(\frac{\sigma_1+\sigma_3}{2},0)$、半径为$\frac{\sigma_1-\sigma_3}{2}$的一个圆(图 5-4(c)),称为摩尔圆。该圆上任一点表示与大主应力 σ_1 作用面呈 α 角的一个斜面,其横坐标代表该面上的法向应力,纵坐标代表该面上的剪应力。

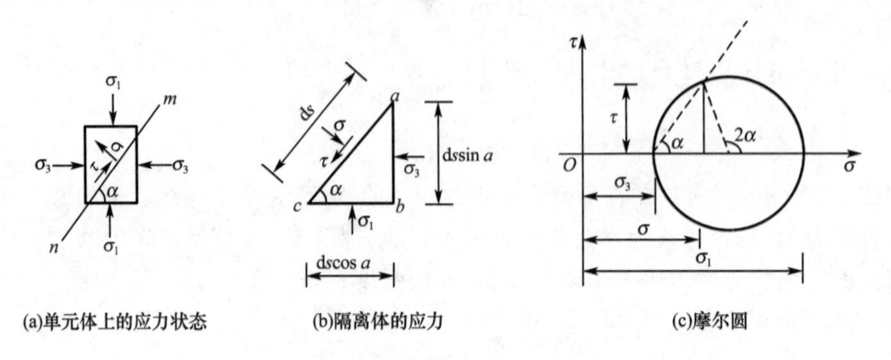

图 5-4 土体中任意点的应力

5.3.2 摩尔-库仑破坏准则——土的极限平衡条件

1. 土体状态的判断

将土的抗剪强度包线和表示土体中某点应力状态的摩尔圆绘于同一坐标系上(图 5-5),可以判断土体是否达到破坏。

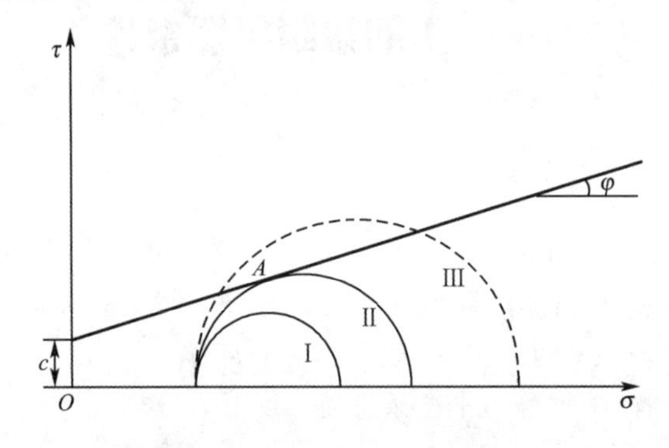

图 5-5 抗剪强度包线与摩尔圆的关系

如图 5-5 所示,摩尔圆Ⅰ位于抗剪强度包线下方,表示该点任一平面上的剪应力都小于土的抗剪强度,即 $\tau<\tau_f$,因此土体不会发生剪切破坏。

图 5-5 中摩尔圆Ⅱ与抗剪强度包线在 A 点相切,表示该点所代表的平面上的剪应力等于土的抗剪强度,即 $\tau=\tau_f$,该点处于极限平衡状态,摩尔圆Ⅱ称为极限应力圆。

抗剪强度包线与摩尔圆Ⅲ相割,割线以上摩尔圆上的点所代表的平面上的剪应力,超过土的抗剪强度,即 $\tau>\tau_f$。实际上这种应力状态不可能存在,因为在此之前,该点已沿某一平面发生剪切破坏,剪应力不可能超过土的抗剪强度。

2. 土中一点的极限平衡条件

土中一点的极限平衡条件,是指该点处于极限平衡状态时,其应力与抗剪强度的关系。如图 5-6 所示为某一黏性土的极限应力圆,与抗剪强度包线相切于 A 点,根据几何关系,可确定土的极限平衡条件。

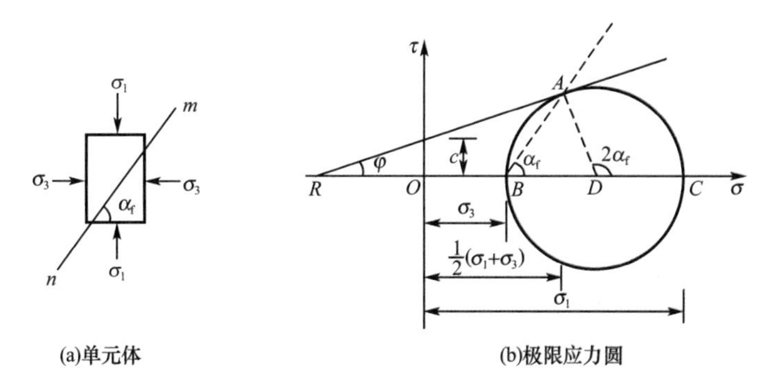

图 5-6 土体中任一点极限平衡状态

如图 5-6(b)可知:$AD=RD\sin\varphi$

其中
$$AD=\frac{\sigma_1-\sigma_3}{2}$$

$$RD=c\cot\varphi+\frac{\sigma_1+\sigma_3}{2}$$

故

$$\left(c\cot\varphi+\frac{\sigma_1+\sigma_3}{2}\right)\sin\varphi=\frac{\sigma_1-\sigma_3}{2} \tag{5-8}$$

整理得

$$\sigma_1=\sigma_3\,\frac{1+\sin\varphi}{1-\sin\varphi}+2c\,\frac{\cos\varphi}{1-\sin\varphi} \tag{5-9}$$

或

$$\sigma_3=\sigma_1\,\frac{1-\sin\varphi}{1+\sin\varphi}-2c\,\frac{\cos\varphi}{1+\sin\varphi} \tag{5-10}$$

利用三角公式变换,可得到黏性土的极限平衡条件为

$$\sigma_1=\sigma_3\tan^2\left(45^\circ+\frac{\varphi}{2}\right)+2c\tan\left(45^\circ+\frac{\varphi}{2}\right) \tag{5-11}$$

或

$$\sigma_3=\sigma_1\tan^2\left(45^\circ-\frac{\varphi}{2}\right)-2c\tan\left(45^\circ-\frac{\varphi}{2}\right) \tag{5-12}$$

对于无黏性土,因 $c=0$,其极限平衡条件为

$$\sigma_1=\sigma_3\tan^2\left(45^\circ+\frac{\varphi}{2}\right) \tag{5-13}$$

$$\sigma_3=\sigma_1\tan^2\left(45^\circ-\frac{\varphi}{2}\right) \tag{5-14}$$

当土中一点达到极限平衡状态时,破坏面与大主应力 σ_1 作用面的夹角 α_f 为

$$\alpha_f = 45^\circ + \frac{\varphi}{2} \tag{5-15}$$

【例题 5-1】 某条形基础下地基中一点的应力为：$\sigma_1 = 271$ kPa、$\sigma_3 = 100$ kPa。已知土的抗剪强度指标 $c = 0$、$\varphi = 30^\circ$。试问：该点是否发生剪切破坏？

解法一：土体达到极限平衡状态时，其破坏面与大主应力作用面的夹角由式(5-15)得

$$\alpha_f = 45^\circ + \frac{\varphi}{2} = 45^\circ + \frac{30^\circ}{2} = 60^\circ$$

由式(5-5)、式(5-6)计算得到该面上的应力为

$$\sigma = \frac{\sigma_1 + \sigma_3}{2} + \frac{\sigma_1 - \sigma_3}{2}\cos 2\alpha_f = \frac{271 + 100}{2} + \frac{271 - 100}{2}\cos 120^\circ = 142.75 \text{ kPa}$$

$$\tau = \frac{\sigma_1 - \sigma_3}{2}\sin 2\alpha_f = \frac{271 - 100}{2}\sin 120^\circ = 74.05 \text{ kPa}$$

而对应于该面上正应力的抗剪强度为

$$\tau_f = c + \sigma \tan \varphi = 0 + 142.75 \tan 30^\circ = 82.42 \text{ kPa}$$

则 $\tau < \tau_f$，故该点不会发生剪切破坏。

解法二：应用土的极限平衡条件，根据式(5-14)可得土体处于极限平衡状态时大主应力 $\sigma_1 = 271$ kPa 所对应的小主应力计算值为

$$\sigma_{3f} = \sigma_1 \tan^2\left(45^\circ - \frac{\varphi}{2}\right) - 2c\tan\left(45^\circ - \frac{\varphi}{2}\right) = 271 \tan^2\left(45^\circ - \frac{30^\circ}{2}\right) = 90.3 \text{ kPa}$$

而 $\sigma_3 = 100$ kPa $> 90.3 = \sigma_{3f}$（图 5-7），故该点处于安全状态。

破坏面与大主应力作用面夹角是 $45^\circ + \frac{\varphi}{2} = 60^\circ$。

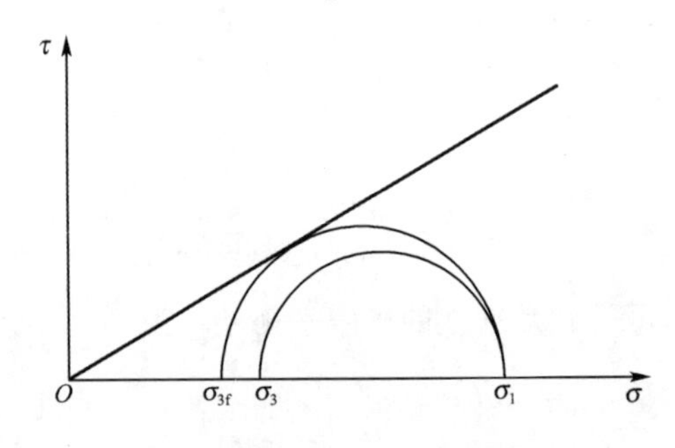

图 5-7　极限平衡时正应力分布关系

5.4　土的抗剪强度指标的测定

抗剪强度指标 c、φ 值，是土体的重要力学性质指标，正确地测定和选择土的抗剪强度指标是土工计算中十分重要的问题。

土的抗剪强度指标是通过土工试验确定的。室内试验常用的方法有直接剪切试验（简称为直剪试验）、三轴剪切试验（简称为三轴试验）、无侧限抗压强度试验；现场原位测试的方法有十字板剪切试验和大型直接剪切试验。

5.4.1 直接剪切试验

1. 试验仪器与基本原理

直接剪切试验所使用的仪器称为直剪仪。按加荷方式的不同，直剪仪可分为应变控制式和应力控制式两种，前者是以等速水平推动试样产生位移并测定相应的剪应力；后者则是对试样分级施加水平剪应力，同时测定相应的位移。目前常用的是应变控制式直剪仪，如图 5-8 所示。

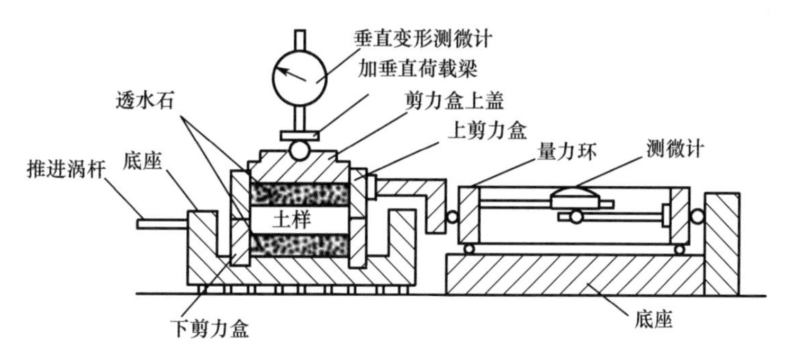

图 5-8 应变控制式直剪仪

试验时，垂直压力（或称法向应力）由杠杆系统通过加压活塞和透水石传给土样，水平剪应力则由轮轴推动活动的下盒施加给土样。土的抗剪强度可由量力环测定，剪切变形由百分表测定。在施加每一级法向应力后，匀速增加剪切面上的剪应力，直至试件剪切破坏。

将试验结果绘制成剪应力 τ 和剪变形 s 的关系曲线（图 5-9）。一般情况下，将曲线的峰值作为该级法向应力下相应的抗剪强度 τ_f。

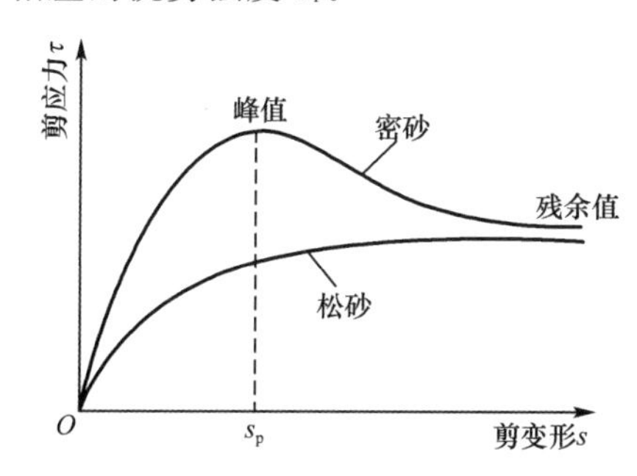

图 5-9 剪应力-剪变形关系曲线

变换几种法向应力 σ 的大小，测出相应的抗剪强度 τ_f。在 τ-σ 坐标上绘制曲线，即土的抗剪强度包线，也就是摩尔-库仑破坏包线，如图 5-10 所示。

2. 试验方法分类

为了在直接剪切试验中能尽量考虑实际工程中存在的不同固结排水条件，通常采用不同加荷速率的试验方法来近似模拟土体在受剪时的不同排水条件，由此产生了三种不

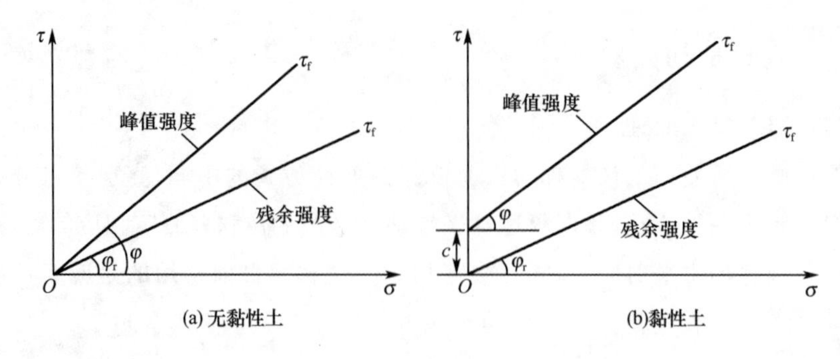

图 5-10　τ-σ 曲线

同的直接剪切试验方法，即快剪、固结快剪和慢剪。

(1)快剪

快剪试验是指在土样上下两面均贴以蜡纸，在加法向应力后即施加水平剪应力，使土样在 3～5 min 剪坏，由于剪切速率较快，得到的抗剪强度指标用 c_q、φ_q表示。

(2)固结快剪

固结快剪试验是指在法向应力作用下使土样完全固结，然后很快施加水平剪力，使土样在剪切过程中来不及排水，得到的抗剪强度指标用 c_{cq}、φ_{cq}表示。

(3)慢剪

慢剪试验是指先让土样在法向应力下充分固结，然后再慢慢施加水平剪应力，直至土样发生剪切破坏。使试样在受剪过程中一直充分排水和产生体积变形，得到的抗剪强度指标用 c_s、φ_s表示。

3. 试验优缺点和适用范围

直接剪切试验是测定土的抗剪强度指标常用的一种试验方法。它的优点是仪器设备简单、操作方便等。

它的缺点主要包括：

(1)剪切面限定在上下剪力盒之间的平面，而不是沿土样最薄弱的面剪切破坏；

(2)剪切面上剪应力分布不均匀；

(3)在剪切过程中，土样剪切面逐渐缩小，而在计算抗剪强度时仍按土样的原截面面积计算；

(4)试验时不能严格控制排水条件，并且不能量测孔隙水压力。

5.4.2　三轴剪切试验

1. 试验仪器与基本原理

三轴剪切试验仪(也称三轴压缩仪)由受压室、周围压力控制系统、轴向加压系统、孔隙水压力系统以及试样体积变化量测系统等组成，如图 5-11 所示。

试验时，将圆柱体土样用乳胶膜包裹，固定在受压室内的底座上。先向受压室内注入液体(一般为水),使试样受到周围压力 σ_3,并使 σ_3 在试验过程中保持不变。然后在受压室上端的活塞杆上施加法向应力直至土样受剪破坏。

设土样破坏时由活塞杆加在土样上的法向应力为 $\Delta\sigma_1$,则土样上的最大主应力为 $\sigma_1=\sigma_3+\Delta\sigma_1$,而最小主应力为 σ_3。由 σ_1 和 σ_3 可绘制出一个摩尔圆。

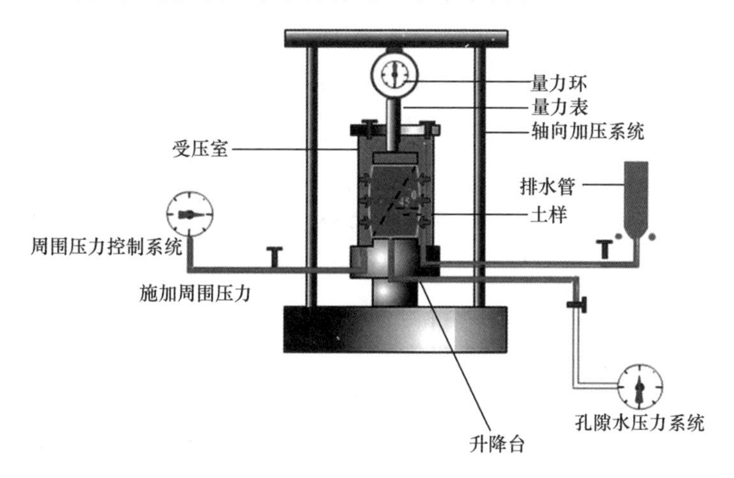

图 5-11 三轴剪切试验仪构造

用同一种土制成 3～4 个土样,按上述方法进行试验,对每个土样施加不同的周围压力 σ_3,可分别求得剪切破坏时对应的最大主应力 σ_1,将这些结果绘成一组摩尔圆。根据土的极限平衡条件可知,通过这些摩尔圆的切点的直线就是土的抗剪强度包线,由此可得抗剪强度指标 c、φ 值(图 5-12)。

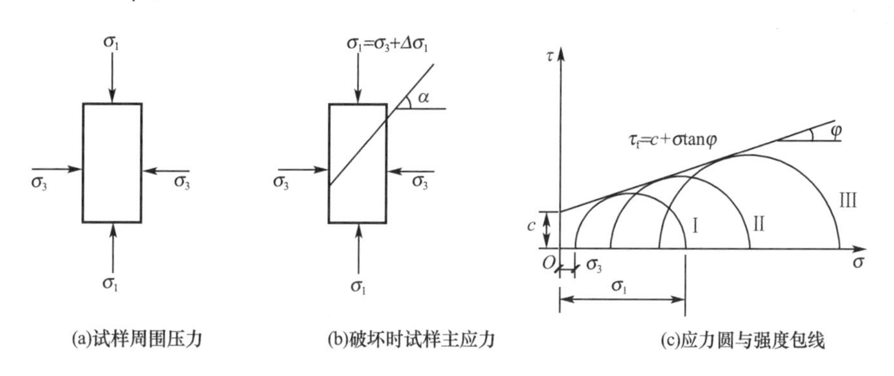

图 5-12 三轴剪切试验基本原理

三轴剪切试验是测定土的抗剪强度的一种方法。它通常用 3～4 个圆柱形试样,分别在不同的恒定周围压力 σ_3 下,施加轴向压力,即主应力差为 $\sigma_1-\sigma_3$,进行剪切直到破坏;然后根据摩尔-库仑理论,求得抗剪强度参数。

适用于测定细粒土及砂类土的总抗剪强度指标及有效抗剪强度指标。

2. 试验方法分类及其抗剪强度

按剪切前的固结程度和剪切过程中的排水条件,三轴剪切试验可分为三种类型。

(1)不固结不排水试验(UU)

试验过程由始至终关闭排水阀门,土样在剪切破坏时不能将土中的孔隙水排出。土样在加压和剪切过程中,含水量始终保持不变,得到的抗剪强度指标用 c_u、φ_u表示。

(2)固结不排水试验(CU)

先对土样施加周围压力,将排水阀门开启,让土样中的水排入量水管中,直至排水终止,土样完全固结。然后关闭排水阀门,施加法向应力 $\Delta\sigma$,使土样在不排水条件下剪切破坏,得到的抗剪强度指标用 c_{cu}、φ_{cu}表示。

(3)固结排水试验(CD)

在固结过程和 $\Delta\sigma$ 的施加过程中,都让土样充分排水(将排水阀门开启),使土样中不产生孔隙水压力。故施加的法向应力就是作用于土样上的有效应力,得到的抗剪强度指标用 c_d、φ_d表示。

3. 三轴试验优缺点

优点:

(1)试验中能严格控制排水条件,准确测定土样在剪切过程中孔隙水压力的变化,因此既可用于总应力法试验,也可用于有效应力法试验。

(2)其与直接剪切试验相比,土样中的应力状态较明确,没有人为限定剪切破坏面,破坏面发生在土样的最弱部位。

(3)除测定抗剪强度指标外,三轴剪切试验还能测定土的灵敏度、侧压力系数、孔隙水压力系数等指标。

缺点:

(1)一般是在轴对称($\sigma_2=\sigma_3$)应力状态下进行,因此测得的结果只能代表该特定应力状态下土的性质,不能全面反映土中主应力 σ_2 的影响。

(2)试样制备和试验操作比较复杂。

5.4.3 无侧限抗压强度试验

无侧限抗压强度试验是三轴剪切试验中 $\sigma_3=0$ 的特殊情况。试验时,将圆柱形试样置于图 5-13 所示的无侧限压缩仪中,在不加任何侧向压力的情况下,对试样施加轴向压力,直至试样剪切破坏为止。试样破坏时的轴向压力以 q_u 表示,称为无侧限抗压强度。无黏性土在无侧限条件下试样难以成型,该试验主要用于黏性土,尤其适用于饱和软黏土。

由于不能施加周围压力,无侧限抗压强度试验时侧压力 $\sigma_3=0$,所以只能求得一个过坐标原点的极限应力圆,如图 5-14 所示。对于饱和软黏土,根据三轴不固结不排水剪试验的结果,其强度包线近似于一条水平线,即 $\varphi_u=0$(φ_u表示三轴不固结不排水剪试验求得的内摩擦角),因此,饱和软黏土的不固结不排水抗剪强度可以利用无侧限压缩仪求得。

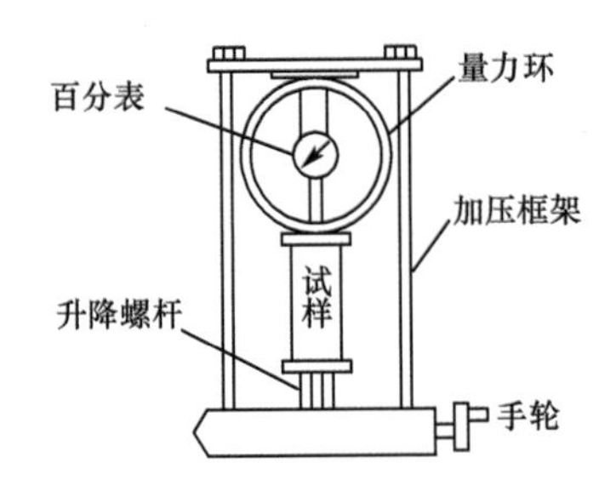

图 5-13　无侧限压缩仪

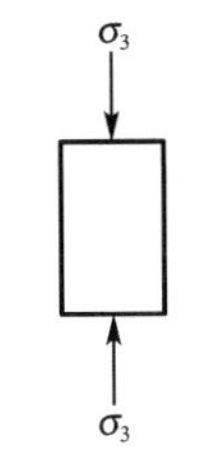

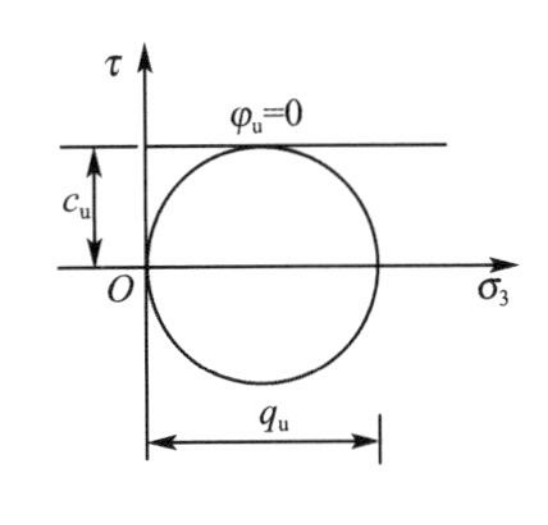

图 5-14　无侧限抗压强度试验原理

$$\tau_f = c_u = \frac{q_u}{2} \tag{5-16}$$

式中　c_u——土的不排水抗剪强度，kPa；

q_u——无侧限抗压强度，kPa。

无侧限抗压强度试验除了可测定饱和软黏土的抗剪强度外，还可以测定饱和软黏土的灵敏度 S_t，其计算见式(5-17)。

$$S_t = \frac{q_u}{q_0} \tag{5-17}$$

式中，q_u、q_0 分别为原状土、重塑土的无侧限抗压强度，kPa。

5.4.4　十字板剪切试验

十字板剪切试验是一种原位测试方法，这种试验方法适合于在现场测定饱和软黏土的原位不排水抗剪强度。十字板剪切试验采用的试验设备主要是十字板剪切仪。

十字板剪切仪，如图 5-15 所示，主要由十字板、加力及量测装置三部分组成。试验时，先将十字板压入土中至测试的深度，然后由地面上的扭力装置对钻杆施加扭矩，使埋在土中的十字板扭转，直至土体剪切破坏，破坏面为十字板旋转所形成的圆柱面。

设土体剪切破坏时所施加的扭矩为 M，则它与剪切圆柱体侧面、上下端面的抗剪强度所产生的抵抗力矩平衡，即

$$M = \pi DH\frac{D}{2}\tau_v + 2\frac{\pi D^2}{4}\frac{D}{3}\tau_H = \frac{1}{2}\pi D^2 H\tau_v + \frac{1}{6}\pi D^3\tau_H \tag{5-18}$$

式中　M——剪切破坏时的扭矩，kN·m；

τ_v、τ_H——剪切破坏时圆柱体侧面和上下面土的抗剪强度，kPa；

H——十字板高度，m；

D——十字板直径，m。

一般情况下，土体是各向异性的，为简化计算，假设土体为各向同性体，即土的抗剪强度各向相等，用 τ_f 表示，式(5-18)变为

$$\tau_f = \frac{2M}{\pi D^2\left(H + \frac{D}{3}\right)} \tag{5-19}$$

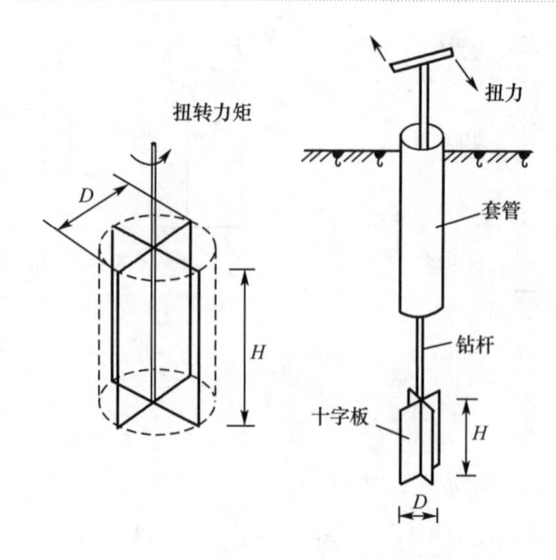

图 5-15 十字板剪切仪

5.5 饱和黏性土的抗剪强度

5.5.1 应力历史对饱和黏性土抗剪强度的影响

黏性土按应力历史分为正常固结土、超固结土和欠固结土。当饱和黏性土处于不同固结程度时其力学性质也不同，因而研究饱和黏性土的强度变化规律时必须考虑土的应力历史的影响。

图 5-16 说明，当土体受压时，可以经历初始压缩、卸压及再压缩过程。图 5-16(a)所示为 σ-e 的关系，初始压缩曲线 abc 表示土体正常固结情况，卸荷曲线 cef 和再压缩曲线 fgc' 表示超固结情况。

图 5-16(b)所示为 σ-τ 的关系，初始压缩曲线 abc 表示正常固结土强度包线，曲线 cef 和曲线 fgc' 表示超固结土强度包线。由图 5-16(b)可知，e、g、b 三点的 σ 值虽然都一样，但因受压经过不同(应力历史不同)，e 点的抗剪强度大于 g 点，更大于 b 点的抗剪强度。abc、cef、fgc' 三条线的 c、φ 值也不一样。一般说来，超固结土的强度比正常固结土的高，这说明应力历史对黏性土的抗剪强度有一定影响。因此，考虑黏性土的抗剪强度时，要区分是正常固结土还是超固结土。在三轴剪切试验中，若试样曾经受到的固结压力就是现有固结压力 σ_3，试样为正常固结土。若试样曾经受到的固结压力大于现有固结压力 σ_3，试样则是超固结土。

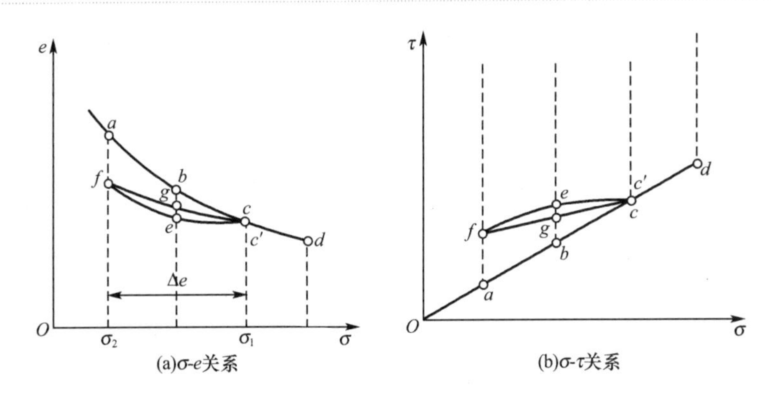

图 5-16 应力历史对抗剪强度的影响

5.5.2 排水条件对抗剪强度的影响

1. 不固结不排水抗剪强度

从土中直接取出的原状土，室内试验时，当孔隙比 e 与在地基土中相同时，抗剪强度 τ_f 也不变(e 一定→τ_f 一定)。因为是不排水条件，试验中要关闭排水阀门，所以表示颗粒间平均密实程度的 e 是不变的，不管总应力 σ 增加多少，只要是饱和土，增加的总应力全部由孔隙水压力 u 承受，有效应力 σ' 不变。因此，虽然 σ 增加了，但 e 不变，σ' 不变，所以 τ_f 也不变。图 5-17 是饱和土不固结不排水条件下破坏时的摩尔总应力圆及破坏包线(图中用实线表示)和摩尔有效应力圆及破坏包线(图中用虚线表示)。因为增加的总应力都由孔隙水压力 u 承受，有效应力 σ' 不变，所以对应于几个不同的总应力圆只有一个有效应力圆(虚线圆)。并且破坏时的有效应力圆应该与有效应力破坏包线 $\tau_f=c'+\sigma'\tan\varphi'$ 相切。此时总应力圆的破坏包线可以表示为

$$\tau_f=c_u+\sigma\tan\varphi_u=c_u(\varphi_u=0) \tag{5-20}$$

式中，c_u、φ_u 是不固结不排水剪时的黏聚力、内摩擦角。

为了理解公式(5-20)，可以这样考虑：只要土不再密实，强度就不变(e 不变→$\tau_f=c_u$ 不变)。只要孔隙比 e 不变，由固结时的 e-lgσ' 关系可知有效应力 σ' 也不变，根据有效应力破坏准则 $\tau_f=c'+\sigma'\tan\varphi'$ 可知 τ_f 也不变(e 不变→σ' 不变→τ_f 不变)。

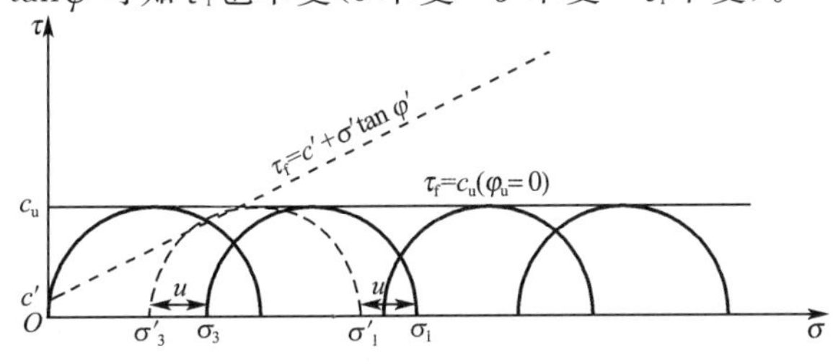

图 5-17 饱和土不固结不排水抗剪强度包线

下面说明图 5-17 中表示随着孔隙水压力 u 的增加总应力圆平移的理由。当把用总应力 σ_1、σ_3 表示的与主应力面呈 α 角度的任意面上的切应力 τ 改写为用有效应力 σ_1'、σ_3' 表示时，可得式(5-21)。

$$\tau=\frac{\sigma_1-\sigma_3}{2}\sin 2\alpha=\frac{(\sigma_1'+u)-(\sigma_3'+u)}{2}\sin 2\alpha=\frac{\sigma_1'-\sigma_3'}{2}\sin 2\alpha \tag{5-21}$$

由式(5-21)可知，切应力 τ 的表达式不论用总应力表示还是用有效应力表示都是一样的，因为在式(5-21)中消去了孔隙水压力 u。所以，只是正应力 σ 受到了孔隙水压力 u 的影响，由于孔隙水压力 u 的影响，摩尔总应力圆大小不变只产生平移。

2. 固结不排水抗剪强度

对于正常固结饱和黏性土，因未受过任何固结压力作用，几乎没有强度，其强度包线大多数为过坐标原点的直线，图 5-18 中实斜线表示正常固结饱和黏性土的总应力强度包线。根据试样剪切破坏时测得的孔隙水压力 u_f，可绘出土中虚斜线所示有效应力强度包线。由于 $\sigma_1'=\sigma_1-u_f$、$\sigma_3'=\sigma_3-u_f$，故有 $\sigma_1'-\sigma_3'=\sigma_1-\sigma_3$，即有效应力圆直径与总应力圆直径相等，但位置不同，两者之间距离为 u_f。因为正常固结饱和黏性土试样在剪切破坏时产生正的孔隙水压力，故有效应力圆在总应力圆左方。有效内摩擦角 φ' 比 φ_{cu} 大一倍左右。φ_{cu} 一般为 10°～25°，c_{cu} 和 c' 都为零。

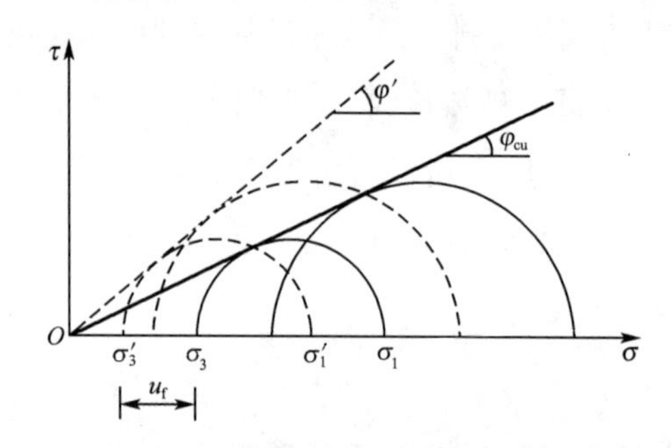

图 5-18　正常固结饱和黏性土的固结不排水抗剪强度包线

超固结饱和黏性土的固结不排水抗剪强度包线如图 5-19 所示。以先期固结压力 p_c 为界分成两部分。$\sigma_3<p_c$ 或 $\sigma_3'<p_3'$ 为超固结部分，强度包线可近似地以直线 ab 表示，且不过坐标原点。$\sigma_3>p_c$ 或 $\sigma_3'>p_3'$ 为正常固结部分，强度包线为直线段 bc，其延长线过坐标原点。超固结饱和黏性土的 $c'<c_{cu}$，$\varphi'>\varphi_{cu}$。

固结不排水剪的总应力强度包线可表示为

$$\tau_f=c_{cu}+\sigma\tan\varphi_{cu} \tag{5-22}$$

固结不排水剪的有效应力强度包线可表示为

$$\tau_f=c'+\sigma'\tan\varphi' \tag{5-23}$$

式中，c_{cu}、φ_{cu} 是固结不排水剪试验中按总应力法得出的土的黏聚力、内摩擦角。c'、φ' 是按有效应力法得出的土的黏聚力、内摩擦角。

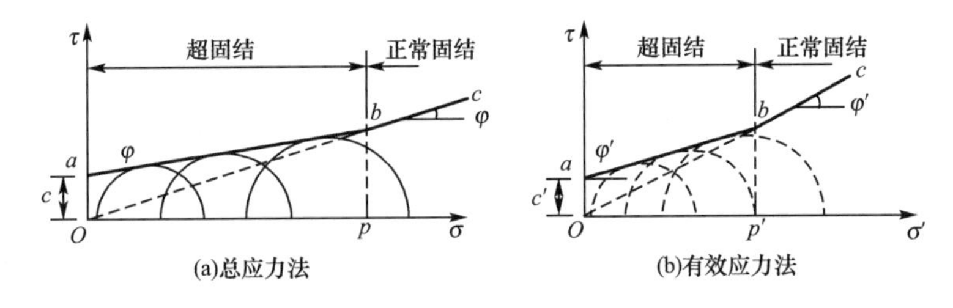

图 5-19　超固结饱和黏性土的固结不排水抗剪强度包线

工程中可根据现场土单元的 σ_3 的大小来选取土的抗剪强度指标。如果 $\sigma_3 < p_c$，用 ab 段的抗剪强度指标；如果 $\sigma_3 > p_c$，用 bc 段的抗剪强度指标。

3. 固结排水抗剪强度

排水剪时孔隙水压力 $u=0$，所以 $\sigma=\sigma'$，正常固结饱和黏性土总应力的破坏线和有效应力的破坏线是过坐标原点的直线，如图 5-20(a)所示，其计算可以用式(5-24)表示

$$\tau_f = c_d + \sigma \tan \varphi_d \tag{5-24}$$

式中，c_d、φ_d 是固结排水剪时的黏聚力、内摩擦角，$c_d=0$，φ_d 在 20°～40°。

超固结饱和黏性土的抗剪强度包线如图 5-20(b)所示，当 $\sigma_3 < p_c$ 时，为超固结部分；土的强度包线为微弯的曲线，但可用近似的直线段 ab 代替；当 $\sigma_3 > p_c$ 时，为正常固结部分，土的强度包线为一直线，其延长线通过坐标原点。

试验结果表明，固结排水剪得到的抗剪强度指标 c_d、φ_d 与固结不排水剪得到的有效抗剪强度指标 c'、φ' 很接近。所以常用 c'、φ' 来代替 c_d、φ_d。

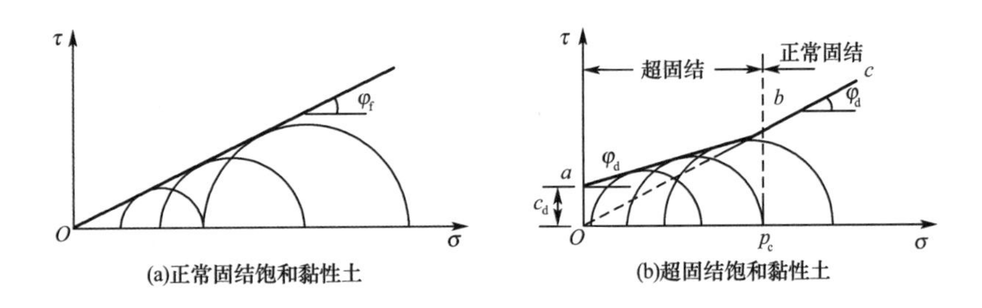

图 5-20　固结排水抗剪强度包线

5.6 应力路径及其在工程中的应用

应力路径是指在外力作用下土中某一点的应力变化过程在应力坐标图中的轨迹。它是描述土体在外力作用下应力变化情况或过程的一种方法。同一种土，采用不同的试验手段或不同的加荷方法使之剪切到某种应力状态，即应力路径不同，这里主要指有效应力路径不同产生的变形会相差很大，这就是要学习应力路径概念的重要性。

5.6.1 应力路径表示法

最常用的应力路径表达方式有两种：

(1)在 σ-τ 直角坐标系中，表示破坏面上法向应力和切应力变化的应力路径。

(2)在 p-q 直角坐标系中，$p=\dfrac{\sigma_1+\sigma_3}{2}$、$q=\dfrac{\sigma_1-\sigma_3}{2}$，表示最大切应力 τ_{max} 面上的应力变化的应力路径。

由于土中应力有总应力和有效应力之分，因此在同一应力坐标图中还存在着总应力路径(简写为 TSP)和有效应力路径(简写为 ESP)。

5.6.2 两种常见的应力路径

1. 直接剪切试验的应力路径

直接剪切试验是先施加法向应力 σ，而后在 σ 不变的条件下逐渐施加并增大切应力 τ 直至土样被剪坏。所以受剪面上的应力路径先是一条水平线($\tau=0$，与横轴重合的水平线)，到达 σ 以后变为一条竖直线，至抗剪强度线终止，如图 5-21 所示。

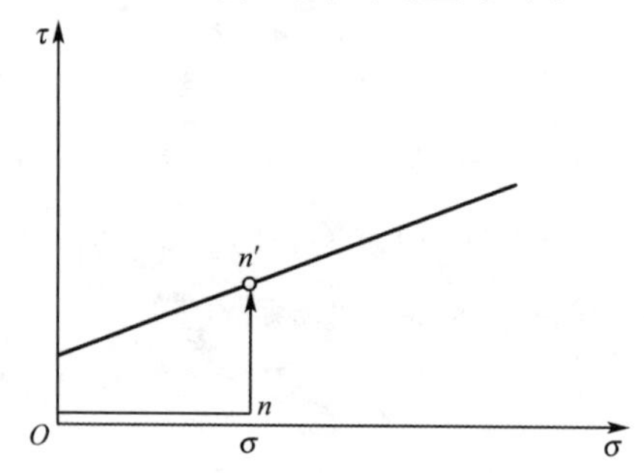

图 5-21 直接剪切试验的应力路径

2. 三轴剪切试验的应力路径

以三轴固结排水试验中正常固结饱和黏性土样剪切破坏面上的应力变化过程为例，来说明三轴剪切试验的应力路径。它的加荷程序是：先施加周围压力 σ_3(等向固结)，此时 $\sigma_1=\sigma_3$。这时在剪切破坏面上 $\sigma=\sigma_3$，$\tau=0$。然后施加法向应力增量 $\sigma_1-\sigma_3$ 使土样受剪直至剪切破坏。据此，可得到一条应力路径 $\overline{oe}$(图 5-22)。其中起始点 o 的坐标为 $\sigma=\sigma_3$，$\tau=0$；终点 e 必将落在强度包线上。图 5-21 中的应力路径 nn' 和图 5-22 中的应力路径 $\overline{oe}$ 都表示的是土样在剪切破坏面上的应力路径，但因其斜率不同，所以对应力应变的影响也会不同。

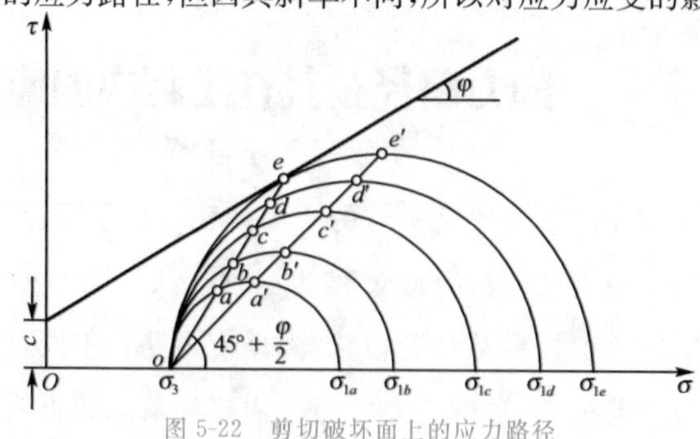

图 5-22 剪切破坏面上的应力路径

图 5-22 中,由几何关系可以证明这时的应力路径是一条与横轴夹角为 $45°+\frac{\varphi}{2}$的直线。图 5-22 中还画出最大切应力面上的应力路径线$\overline{oe'}$,它也是一条直线,与横轴的夹角为 45°(斜率为 1)。

图 5-23 表示试验结果所做出的总应力路径 TSP 和有效应力路径 ESP。由于等向固结,所以两条应力路径线都始发于点 $a(\sigma=\sigma_3,\tau=0)$。受剪时,总应力路径 TSP 是向右上方延伸的直线,与横轴夹角为 $45°+\frac{\varphi_{cu}}{2}$,有效应力路径 ESP 是向左上方弯曲的曲线。它们分别终止于总应力强度包线和有效应力强度包线上。总应力路径 TSP 与有效应力路径 ESP 之间各点横坐标的差值即表示施加偏应力 $\sigma_1-\sigma_3$ 过程中所产生的孔隙水压力,而 b、c 两点间的横坐标差值即为剪切破坏时的孔隙水压力 u_f。由于摩尔总应力圆与摩尔有效应力圆半径相同,所以 b、c 两点的纵坐标(强度值)是相同的。

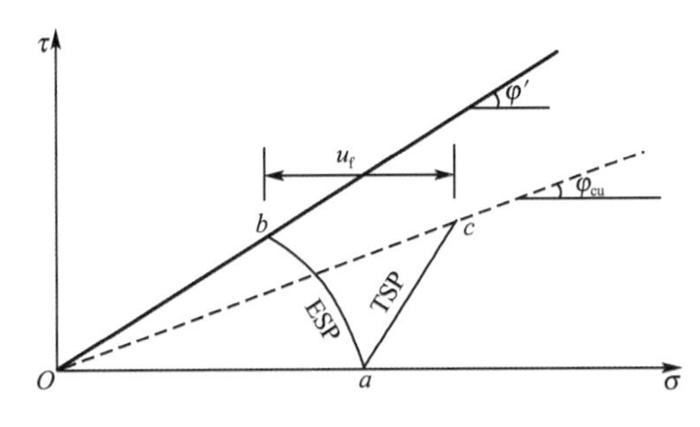

图 5-23 三轴固结不排水试验中的应力路径

在图 5-23 所示的条件下,试验中所出现的孔隙水压力是正值,所以有效应力路径 ESP 是在总应力路径 TSP 的左侧。因此,不难理解,如果是高度超固结的土样,在试验中由于剪胀性,孔隙水压力出现负值,则此时的有效应力路径 ESP 将会在总应力路径 TSP 的右面。

5.6.3 建筑物地基中的应力路径

为讨论方便起见,这里考察正常固结饱和黏性土地基中心线上某一土体单元,在建筑物荷载作用下的应力变化和应力路径(图 5-24)。在外荷载未施加前,它处于自重状态,竖向自重应力为 γz,侧向应力为 $K_0\gamma z$。施加建筑物荷载 Δp 后产生了应力增量:$\Delta\sigma_z=\Delta\sigma_1$,$\Delta\sigma_x=\Delta\sigma_3$,孔隙水压力增加量 Δu。此时 $\sigma_z=\sigma_1=\gamma z+\Delta\sigma_z$,$\sigma_x=\sigma_3=K_0\gamma z+\Delta\sigma_z$(图 5-24(a))。在应力坐标图中,自重条件下可做一个 K_0 状态的摩尔圆(图 5-24(b))。如果建筑物荷载是缓慢施加同时允许土中孔隙水压力充分消散,则在剪切破坏面上(假设为圆上的 a 点),应力路径将是 ac 线;若建筑物快速施工,土中孔隙水来不及排出而有一增量 Δu,则有效应力路径如 ab 线所示。在地基承载力不发生破坏情况下,点 b 是不会出现在强度包线 mn 上的。当建筑物完工后,地基土将在 Δp 作用下继续排水固结,Δu 逐渐消散到零,这个过程中有效应力逐渐增大直至等于 Δp,但切应力不发生变化,所以有效应力路径 ESP 上的点 b 将逐渐向右移动且沿一条水平线 bc 直至与点 c 重合。也就是说,在

加上 Δp 后地基排水固结过程的应力路径是一条水平线 bc。在施工中沿应力路径 ab 前进时，应力点越来越接近破坏线，土的安全储备在减少。但在使用中沿应力路径 bc 前进时，应力点越来越远离破坏线，土的安全储备在提高。

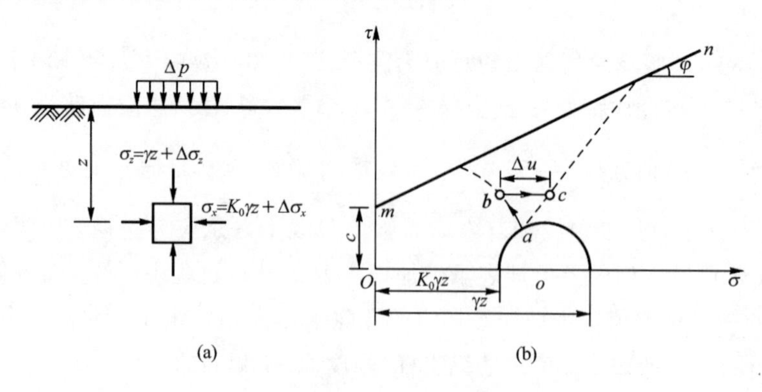

图 5-24 建筑物地基中某一点的应力路径

思考题

5.1 何为土的抗剪强度？研究土的抗剪强度的意义？

5.2 土体中发生剪切破坏的平面是否为最大剪应力作用面？在什么情况下，破坏面与最大剪应力面一致？

5.3 比较直接剪切试验与三轴剪切试验的优缺点及适用范围。

5.4 室内确定土体抗剪强度的三轴剪切试验方法有哪几种？其特点是什么？

5.5 说明剪应力产生孔隙水压力的原因和条件。

习 题

5.1 某砂土试样进行三轴剪切试验，在围压 $\sigma_3=40$ kPa 下加轴向压力 $\Delta\sigma_1=100$ kPa 时，试样剪坏。试求该试样的抗剪强度指标。

5.2 一饱和黏性土试样在三轴仪中进行固结不排水试验，施加周围压力 $\sigma_3=200$ kPa，试件破坏时的主应力差 $\sigma_1-\sigma_3=280$ kPa，测得孔隙水压力 $u_f=180$ kPa，整理试验结果得有效内摩擦角 $\varphi'=24°$，有效黏聚力 $c'=80$ kPa，试求破坏面的法向应力和剪应力以及试件中的最大剪应力。

5.3 某粉质黏土地基内一点的大主应力 $\sigma_1=135$ kPa，小主应力 $\sigma_3=20$ kPa，黏聚力 $c=19.6$ kPa，摩擦角 $\varphi=28°$。试判断该点土体是否破坏？

5.4 某一单元土体上的大主应力为 430 kPa，小主应力为 200 kPa。通过试验测得土的抗剪强度指标 $c=15$ kPa，摩擦角 $\varphi=20°$。试问：①该单元土体处于何种状态？②单元土体最大剪应力出现在哪个面上，是否会沿剪应力最大的面发生剪切破坏？

第6章

挡土结构上的土压力

挡土结构物的受力分析

6.1 概述

在工业与民用建筑、水利水电工程、铁路、公路、桥梁、港口及航道等各类建筑工程中，地下室的外墙、重力式码头的岸壁、桥梁接岸的桥台，以及地下硐室的侧墙等都支持着侧向土体。这些用来支持侧向土体的结构物，统称为挡土墙。而被支持的土体作用于挡土墙上的侧向压力，称为土压力。土压力的计算是设计挡土结构物断面和验算其稳定性的重要依据。土压力的计算是个比较复杂的问题，影响因素很多。土压力的大小和分布，除了与土的性质有关外，还和墙体的位移方向、位移量、土体与结构物间的相互作用以及挡土结构物的类型有关。

6.1.1 挡土结构物的类型

挡土墙是一种防止土体下滑或截断土坡延伸的构筑物，在土木工程中应用很广，结构形式也很多。图 6-1 所示为挡土墙结构的常用类型。

(1)挡土墙按结构形式分类：①重力式；②悬臂式；③扶臂式；④锚杆式；⑤加筋土式。

(2)挡土墙按建筑材料分类：①砖砌；②块石；③素混凝土；④钢筋混凝土。

(3)按其刚度和位移方式分类：①刚性挡土墙；②柔性挡土墙；③临时支撑。

刚性挡土墙是指用砖、石或混凝土所筑成的断面较大的挡土墙。由于刚度大，墙体在侧向土压力作用下，仅发生整体平移或转动，本身挠曲变形可忽略。墙背受到的土压力呈三角形分布，最大压力强度发生在底部，类似于静水压力分布。

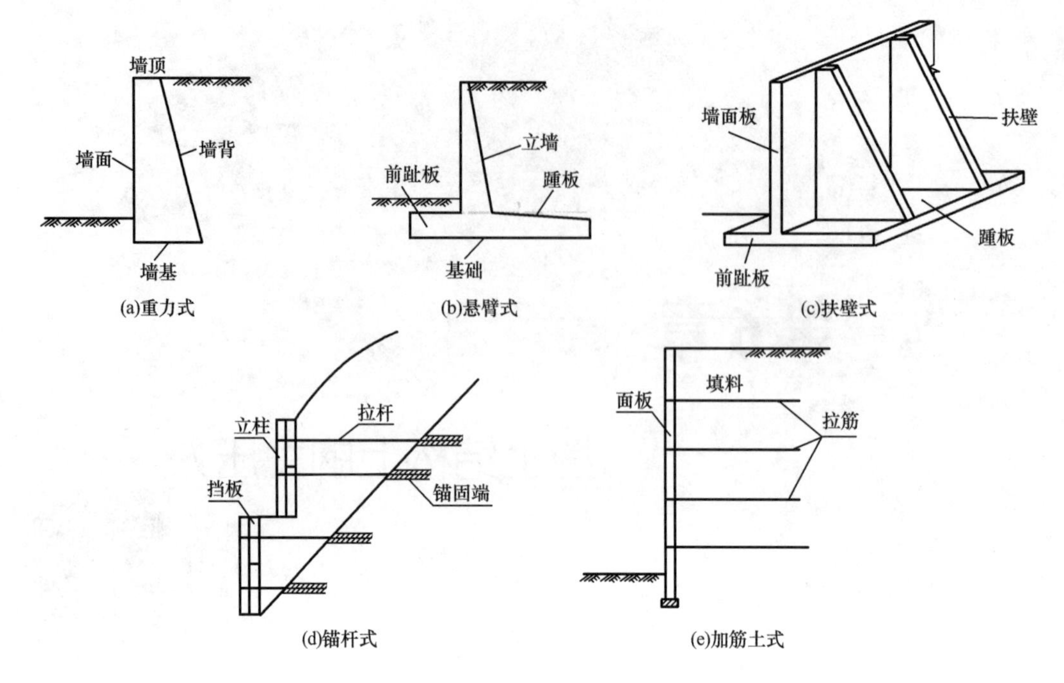

图 6-1　挡土墙结构的常用类型

6.1.2　土压力

由于土体自重、土上荷载或结构物的侧向挤压作用，挡土结构物所承受的来自墙后填土的侧向压力叫作土压力，土压力的计算是挡土墙设计的重要依据。

1. 土压力实验

在实验室里通过挡土墙的模型试验，可以测得当挡土墙产生不同方向的位移时，将产生三种不同性质的土压力。

在一个长方形的模型槽中部插上一块刚性挡板，在板的一侧安装压力盒，填上土；板的另一侧临空。在挡板静止不动时，测得板上的土压力为 E_0；如果将挡板向离开土体的临空方向移动或转动，则土压力逐渐减小，当墙后土体发生滑动时达到最小值 $\Delta\delta_a$ 时，测得板上的土压力为 E_a；反之，将挡板推向填土方向则土压力逐渐增大，当墙后土体发生滑动时达到最大值 $\Delta\delta_p$ 时，测得板上的土压力为 E_p。土压力随挡板移动而变化的情况如图 6-2 所示。

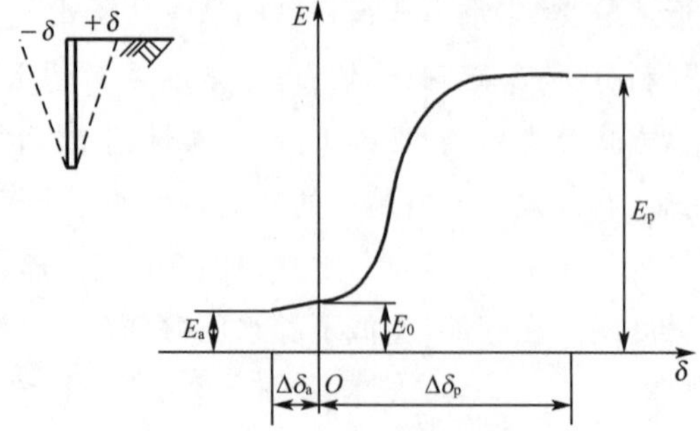

图 6-2　土压力与墙身位移的关系

2. 土压力种类

根据墙的移动情况和墙后土体所处的应力状态，作用在挡土墙墙背上的土压力可分为以下三种：

(1)静止土压力

挡土墙在土压力作用下，不向任何方向发生位移和转动时，墙后土体没有破坏，处于弹性平衡状态，作用在墙背上的土压力称为静止土压力，以 E_0 表示。例如，地下室外墙在基础、楼面和内隔墙的支撑作用下几乎无位移发生，作用在外墙面上的土压力即为静止土压力。

(2)主动土压力

挡土墙在填土压力作用下，向着背离土体方向发生平行移动或转动时，墙后土压力逐渐减小。这是因为墙后土体有随墙的运动而下滑的趋势，为阻止其下滑，土内沿潜在滑动面上的剪应力增大，从而使墙背上的土压力减小。当挡土墙的移动或转动达到一定量时，滑动面上的剪应力等于土的抗剪强度，墙后土体达到主动极限平衡状态，填土中开始出现滑动面，此时作用在墙背上的土压力称为主动土压力，用 E_a 表示。

(3)被动土压力

当挡土墙在外力作用下(如拱桥的桥台)向墙背填土方向移动或转动时，墙后土体由于受到挤压，有向上滑动的趋势，土压力逐渐增大。当挡土墙的移动或转动达到一定数值时，潜在滑动面上的剪应力等于土的抗剪强度，墙后土体达到被动极限平衡状态，填土内也开始出现滑动面，此时作用在墙背上的土压力称为被动土压力，用 E_p 表示。

土压力类型与挡土墙位移的关系，在相同条件下，主动土压力小于静止土压力，而静止土压力又小于被动土压力，即 $E_a < E_0 < E_p$。

试验研究表明：①挡土墙所受到的土压力类型，首先取决于墙体是否发生位移以及位移的方向，可分为 E_0、E_a 和 E_p；②挡土墙所受土压力的大小随位移量而变化，并不是一个常数。主动土压力和被动土压力是墙后填土处于两种不同极限平衡状态时，作用在墙背上并可以计算的两个土压力。

主动土压力和被动土压力是特定条件下的土压力，仅当墙有足够大的位移或转动时才能产生。表 6-1 给出了产生主动和被动土压力所需墙的位移量参考值。可以看出，当挡土墙和填土都相同时，产生被动土压力所需位移比产生主动土压力所需位移要大得多。

表 6-1　　产生主动土压力和被动土压力所需墙的位移量参考值

<table>
<tr><th>土类</th><th>应力状态</th><th>墙运动形式</th><th>可能需要的位移量</th></tr>
<tr><td rowspan="6">砂土</td><td rowspan="3">主动</td><td>平移</td><td>$0.0001H$</td></tr>
<tr><td>绕墙趾转动</td><td>$0.001H$</td></tr>
<tr><td>绕墙顶转动</td><td>$0.02H$</td></tr>
<tr><td rowspan="3">被动</td><td>平移</td><td>$>0.05H$</td></tr>
<tr><td>绕墙趾转动</td><td>$>0.1H$</td></tr>
<tr><td>绕墙顶转动</td><td>$0.05H$</td></tr>
<tr><td rowspan="2">黏土</td><td rowspan="2">主动</td><td>平移</td><td>$0.004H$</td></tr>
<tr><td>绕墙趾转动</td><td>$0.004H$</td></tr>
</table>

本章主要介绍曲线上的三个特定点的土压力计算，即 E_0、E_a 和 E_p。在计算土压力

时,需先考虑位移产生的条件,然后方可确定可能出现的土压力,并进行计算。计算土压力的方法有多种,迄今在实用上仍广泛采用古典的朗肯理论(Rankine,1857)和库仑理论(Coulomb,1773)。一个多世纪以来,各国的工程技术人员做了大量挡土墙的模型试验、原位观测以及理论研究。实践表明,用上述两个古典理论来计算挡土墙土压力仍不失为有效实用的计算方法。

介于主动和被动极限平衡状态之间的土压力,除静止土压力这一特殊情况之外,由于填土处于弹性平衡状态,是一个超静定问题,目前还无法求其解析解。不过由于计算技术的发展,现在已可以根据土的实际应力-应变关系,利用有限元法来确定墙体位移量与土压力大小的定量关系。

6.1.3 影响土压力的因素

试验研究表明,影响土压力大小的因素可归纳为下列几方面:

1. 挡土墙的位移

挡土墙的位移(或转动)方向和位移量的大小,是影响土压力大小的最主要因素。墙体位移的方向不同,土压力的性质就不同;墙体方向和位移量大小决定着所产生的土压力的大小。其他条件完全相同,仅仅挡土墙的移动方向相反,土压力的数值相差可达 20 倍左右。因此,在设计挡土墙时,首先应考虑墙体可能产生位移的方向和位移量的大小。

2. 挡土墙的类型

挡土墙的剖面形状,包括墙背为竖直还是倾斜、光滑还是粗糙,这些都关系到采用何种土压力计算理论公式和计算结果。如果挡土墙的材料采用素混凝土或钢筋混凝土,则可认为墙背表面光滑,不计摩擦力;若是砌石挡土墙,则必须计入摩擦力,因而土压力的大小和方向都不相同。

3. 填土的性质

挡土墙后填土的性质,包括填土松密程度(重度)、干湿程度(含水量)、土的强度指标(内摩擦角和黏聚力)的大小,以及填土的表面形状(水平、向上倾斜或向下倾斜)等,都将会影响土压力的大小。

6.1.4 研究土压力的目的

研究土压力的目的主要在于:设计挡土墙构筑物,如挡土墙、地下室侧墙、桥台和贮仓等;地下构筑物和基础的施工、地基处理;地基承载力的计算,主要涉及岩石力学和埋管工程等领域。

6.2 静止土压力计算

6.2.1 静止土压力产生条件

静止土压力产生的条件是挡土墙静止不动,即水平位移 $\Delta=0$,转角为零。

在岩石地基上的重力式挡土墙，由于墙的自重大，地基坚硬，墙体不会产生位移和转动；地下室外墙在楼面和内隔墙的支撑作用下也几乎无位移和转动发生。此时，挡土墙或地下室外墙后的土体处于静止的弹性平衡状态，作用在挡土墙或地下室外墙面上的土压力即为静止土压力。

此外，拱座不允许产生位移，故按静止土压力计算；水闸、船闸边墙因为与闸底板连成整体，边墙位移可以忽略不计，也可按静止土压力计算。

6.2.2 静止土压力计算公式

假定挡土墙其后填土水平，填土的重度为 γ。挡土墙静止不动，墙后填土处于弹性平衡状态。在填土表面以下深度 z 处取一微小单元体，如图 6-3(a)所示。作用在此微小单元体上的竖向力为土的自重应力 γz，该处的水平向作用力即为静止土压力。

1. 静止土压力计算公式

$$e_0 = K_0 \gamma z \tag{6-1}$$

式中 e_0——静止土压力，kPa；

K_0——静止土压力系数；

γ——填土的重度，kN/m^3；

z——计算点的深度，m。

静止侧压力系数 K_0 即土的侧压力系数，可通过室内的或原位的静止侧压力试验测定。它的物理意义是，在不允许有侧向变形的情况下，土样受到轴向压力增量 $\Delta\sigma_1$ 将会引起侧向压力的相应增量 $\Delta\sigma_3$，比值 $\Delta\sigma_3/\Delta\sigma_1$ 称为土的侧压力系数或静止土压力系数 K_0。K_0 确定方法如下：

(1)按照经典弹性力学理论计算

$$K_0 = \frac{\Delta\sigma_3}{\Delta\sigma_1} = \frac{\mu}{1-\mu} \tag{6-2}$$

式中，μ 为墙后填土的泊松比。

(2)半经验公式。

对于无黏性土及正常固结黏性土，可近似按公式(6-3)计算：

$$K_0 = 1 - \sin\varphi' \tag{6-3}$$

式中，φ' 为填土的有效摩擦角。

对于超固结黏性土可用式(6-4)计算：

$$(K_0)_{O.C} = (K_0)_{N.C}(OCR)^m \tag{6-4}$$

式中 $(K_0)_{O.C}$——超固结土的 K_0 值；

$(K_0)_{N.C}$——正常固结土的 K_0 值；

OCR——超固结比；

m——经验系数，一般可用 $m=0.41$。

(3)经验取值。

砂土：$K_0=0.34\sim0.45$；黏性土：$K_0=0.5\sim0.7$。

日本《建筑基础结构设计规范》建议不分土的种类，均取 $K_0=0.5$。

2. 总静止土压力

由式 $e_0=K_0\gamma z$ 可知，静止土压力沿墙高呈三角形分布，如图 6-3(a)所示。

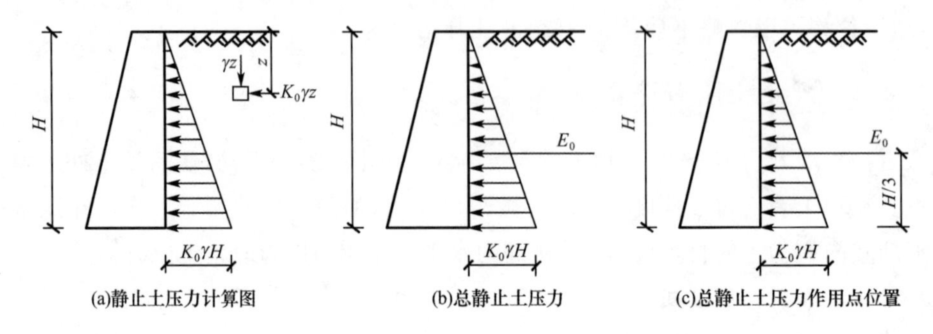

图 6-3 静止土压力计算

作用在单位长度挡土墙上的总静止土压力 E_0 如图 6-3(b)所示。沿墙长度方向取 1 延米，只需计算土压力分布图的三角形面积，即

$$E_0=\frac{1}{2}\gamma H^2 K_0 \tag{6-5}$$

式中，H 为挡土墙的高度，m。

总静止土压力 E_0 的作用点在距墙底 $H/3$ 高度处，即分布图形形心的高度处，如图 6-3(c)所示。

6.2.3 静止土压力的应用

1. 地下室外墙

地下室的外墙都有内隔墙支挡，墙体位移或转角为零，可以按静止土压力计算。

2. 岩基上的挡土墙

挡土墙与岩石地基牢固连接，墙体不可能位移或转动，可以按静止土压力计算。

3. 拱座

拱座不容许产生位移，故亦按静止土压力计算。

【例题 6-1】 某基岩上的挡土墙，墙高 $H=5.0$ m，墙后填土为中粗砂，填土的重度 $\gamma=19$ kN/m^3，内摩擦角 $\varphi'=30°$，计算作用在挡土墙上的土压力。

解：因挡土墙位于基岩上，故按静止土压力计算。

$$E_0=\frac{1}{2}\gamma H^2 K_0=\frac{1}{2}\times19\times5^2\times(1-\sin 30°)=118.75\ \text{kN/m}$$

总静止土压力作用点位于下 $H/3=1.67$ m。

6.3 朗肯土压力理论

1857 年英国学者朗肯研究了半无限土体在自重作用下发生平面应变时达到极限平衡的应力状态，建立了计算土压力的理论。由于其概念明确，方法简便，至今仍被广泛应用。

朗肯土压力理论假设条件：表面水平的半无限土体，处于极限平衡状态。若将垂线 AB 左侧的土体，换成虚设的墙背竖直光滑的挡土墙，如图 6-4 所示，当挡土墙发生离开 AB 线的水平位移时，墙后土体处于主动极限平衡状态，则作用在此挡土墙上的土压力，等于原来土体作用在 AB 竖直线上的水平法向应力。

朗肯土压力理论适用条件：(1)挡土墙是刚性的，不考虑墙身的变形；(2)挡土墙墙后填土表面水平；(3)挡土墙的墙背垂直、光滑。

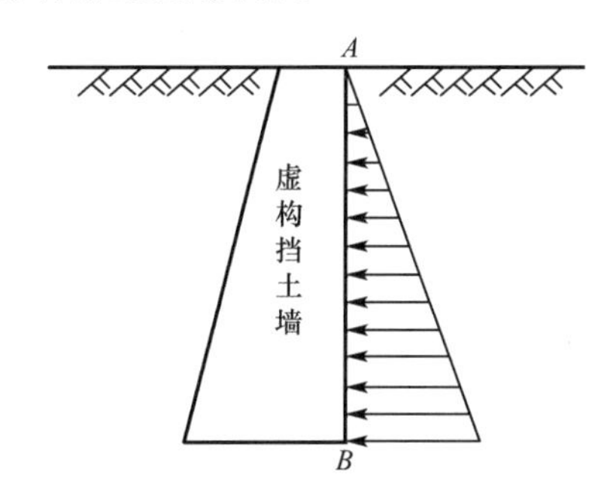

图 6-4　朗肯土压力理论假设

6.3.1　朗肯主动土压力计算

1. 理论研究

在表面水平的半无限土体内，每一个竖直面都是对称面，因此竖直和水平截面上的剪应力都等于零，则相应截面上的法向应力都是主应力。朗肯土压力理论假设用一个墙背竖直光滑的挡土墙来代替另一部分土体，这样并没有改变原来的应力状态和边界条件。

如图 6-5(a)所示，当代表挡土墙墙背的竖直光滑面 AB 向左逐渐平移时，墙后土体中离地表任意深度 z 处单元体的应力状态将随之逐渐变化。此时，单元体的竖直法向应力是大主应力，且保持不变，即有 $\sigma_1=\sigma_z=\gamma z$；而水平法向应力是小主应力，即 $\sigma_3=\sigma_x$，且逐渐减小。

如图 6-5(b)所示，当水平法向应力减小到使墙后土体达到极限平衡状态(摩尔圆与强度包线相切)时，小主应力即为朗肯土压力理论的主动土压力，即有 $e_a=\sigma_3=\sigma_x$。

如图 6-5(c)所示，根据土力学的强度理论，剪切破坏面与大主应力作用面的夹角是 $45°+\varphi/2$。墙后土体达到主动极限平衡状态时，大主应力为垂直应力，其作用面是水平面，故剪切破坏面是与水平面呈 $45°+\varphi/2$ 的两组共轭面。

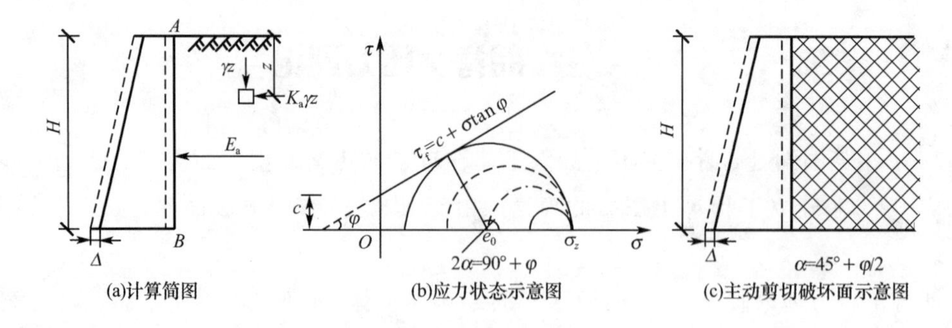

(a)计算简图 (b)应力状态示意图 (c)主动剪切破坏面示意图

图 6-5 朗肯主动土压力计算

2. 主动土压力计算公式

根据前述分析，当墙后填土达到主动极限平衡状态时，作用于任意深度 z 处土单元上的竖直法向应力 $\sigma_z=\gamma z$ 就是大主应力 σ_1，而作用于墙背的水平向土压力强度 e_a 就是小主应力 σ_3，因此利用极限平衡条件下 σ_1 与 σ_3 的关系，即可求出主动土压力强度 e_a。以下是就不同类型的土来推导土压力的大小、方向和作用点。

(1)无黏性土

由于土体处于极限状态时 $\sigma_3=\sigma_1\tan^2\left(45°-\dfrac{\varphi}{2}\right)$

将 $\sigma_1=\gamma z,\sigma_3=e_a$ 代入，可得

$$e_a=\gamma z\tan^2\left(45°-\frac{\varphi}{2}\right)=\gamma zK_a \tag{6-6}$$

式中，$K_a=\tan^2\left(45°-\dfrac{\varphi}{2}\right)$，称为朗肯主动土压力系数。

如图 6-6 所示，e_a沿墙高呈三角形分布，方向是垂直于墙背。若墙高为 H，则作用于单位墙长度上的总土压力 E_a 为

$$E_a=\frac{1}{2}H\gamma HK_a=\frac{1}{2}\gamma H^2K_a \tag{6-7}$$

作用点在距墙底 $H/3$ 处。

(2)黏性土

根据 $\sigma_3=\sigma_1\tan^2\left(45°-\dfrac{\varphi}{2}\right)-2c\tan\left(45°-\dfrac{\varphi}{2}\right)$

将 $\sigma_1=\gamma z,\sigma_3=e_a$ 代入，得

$$e_a=\gamma z\tan^2\left(45°-\frac{\varphi}{2}\right)-2c\tan\left(45°-\frac{\varphi}{2}\right)=\gamma zK_a-2c\sqrt{K_a} \tag{6-8}$$

式(6-8)说明黏性土的朗肯主动土压力由两部分组成：一部分是由自重引起的土压力 γzK_a，另一部分由黏聚力 c 引起的负土压力 $-2c\sqrt{K_a}$。这两者叠加的结果如图 6-7 所示，其中 ade 部分是负值，即对墙产生拉应力，但实际上墙与土在很小的拉力作用下就会分离，出现了 z_0 深度的裂缝。因此在计算土压力时，z_0 以上的拉力可以略去不计，黏性土的

主动土压力分布为三角形 abc 部分。这样作用于单位墙长度上的总土压力 E_a 为

$$E_a = \frac{1}{2}(H - z_0)(\gamma H K_a - 2c\sqrt{K_a}) \tag{6-9a}$$

$$E_a = \frac{1}{2}\gamma H^2 K_a - 2cH\sqrt{K_a} + \frac{2c^2}{\gamma} \tag{6-9b}$$

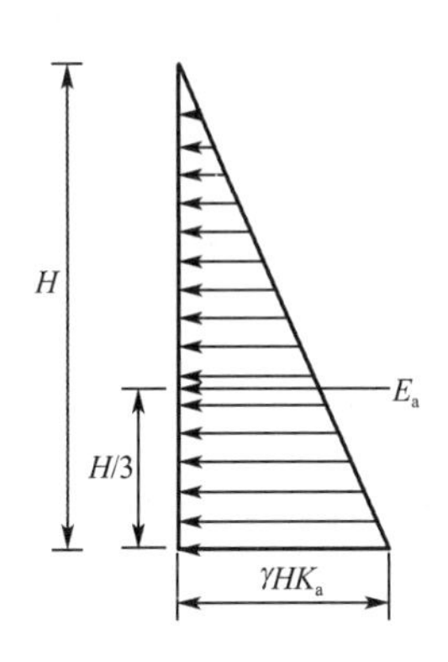

图 6-6 无黏性土朗肯土压力分布形式

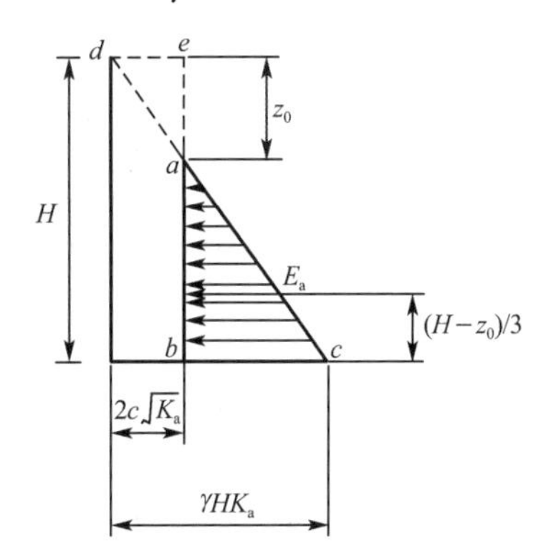

图 6-7 黏性土朗肯土压力分布形式

作用点在距墙底$(H - z_0)/3$处，方向垂直于墙背。

z_0 的求法：从图 6-7 中可以看出 a 高度处，也即 $z = z_0$ 时 $e_a = 0$，则 $\gamma z_0 K_a - 2c\sqrt{K_a} = 0$，所以

$$z_0 = \frac{2c}{\gamma\sqrt{K_a}} \tag{6-10}$$

【例题 6-2】 有一高 6 m 的挡土墙，墙背竖直光滑，填土表面水平。填土的物理力学性质指标为：$c = 15$ kPa，$\varphi = 25°$，$\gamma = 18$ kN/m^3。试求主动土压力及作用点位置，并绘出主动土压力分布图。

解：(1)总主动土压力为

$$\begin{aligned} E_a &= \frac{1}{2}\gamma H^2 K_a - 2cH\sqrt{K_a} + \frac{2c^2}{\gamma} \\ &= \frac{1}{2}\times 18\times 6^2\times \tan^2\left(45° - \frac{25°}{2}\right) - 2\times 15\times 6\times \tan\left(45° - \frac{25°}{2}\right) + \frac{2\times 15^2}{18} \\ &= 41.8 \text{ kN/m} \end{aligned}$$

(2)临界深度 z_0 为

$$z_0 = \frac{2c}{\gamma\sqrt{K_a}} = \frac{2\times 15}{18\times \tan\left(45° - \frac{25°}{2}\right)} = 2.62 \text{ m}$$

(3)主动土压力 E_a 作用点距墙底的距离为

$$\frac{H - z_0}{3} = \frac{6 - 2.62}{3} = 1.13 \text{ m}$$

(4)在墙底处的主动土压力强度为

$$\begin{aligned} e_a &= \gamma z \tan^2\left(45^\circ - \frac{\varphi}{2}\right) - 2c\tan\left(45^\circ - \frac{\varphi}{2}\right) \\ &= 18 \times 6 \times \tan^2\left(45^\circ - \frac{25^\circ}{2}\right) - 2 \times 15 \times \tan\left(45^\circ - \frac{25^\circ}{2}\right) \\ &= 24.7 \text{ kPa} \end{aligned}$$

(5)主动土压力分布曲线如图 6-8 所示。

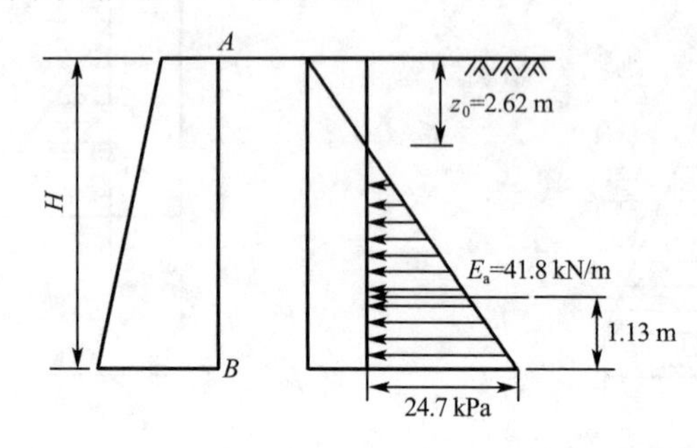

图 6-8　例题 6-2 图

6.3.2　朗肯被动土压力计算

1.理论研究

在表面水平的半无限土体内,假设用一个墙背竖直光滑的挡土墙来代替另一部分土体。若代表挡土墙墙背的竖直光滑面 AB 在逐渐增大的推力作用下,在水平方向均匀地压缩墙后土体,则土体中离地表任意深度 z 处单元体的应力状态将随之逐渐变化。

如图 6-9(a)所示,设单元体的竖直法向应力 $\sigma_z = \gamma z$ 保持不变,而水平法向应力 $\sigma_x = K_p \gamma z$ 将不断增大并最终超过 σ_z。

如图 6-9(b)所示,当水平法向应力增大到使墙后土体达到极限平衡状态(摩尔圆与强度包线相切)时,水平法向应力即为朗肯土压力理论的被动土压力,即有 $e_p = \sigma_1 = \sigma_x$。

如图 6-9(c)所示,根据土力学的强度理论,剪切破坏面与大主应力作用面的夹角是 $45^\circ + \varphi/2$。墙后土体达到主动极限平衡状态时,大主应力为水平法向应力 σ_x,其作用面是竖直面,故剪切破坏面是与竖直面的夹角为 $45^\circ + \varphi/2$(与水平面的夹角为 $45^\circ - \varphi/2$)的两组共轭面。

2.被动土压力计算公式

由前面的分析可知,当墙后土体处于被动极限状态时,$\sigma_1 = e_p$,$\sigma_3 = \gamma z$。

(1)无黏性土

将上面分析出的 σ_1 和 σ_3 代入式 $\sigma_1 = \sigma_3 \tan^2\left(45^\circ + \frac{\varphi}{2}\right)$,可得到

$$e_p = \gamma z \tan^2\left(45^\circ + \frac{\varphi}{2}\right) = \gamma z K_p \tag{6-11}$$

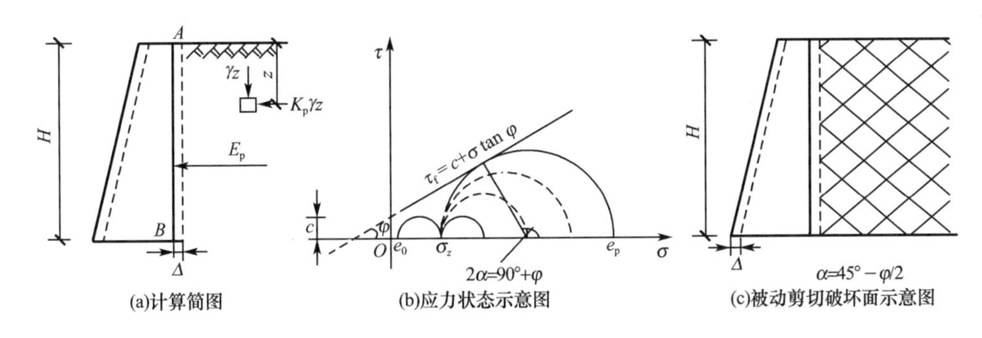

图 6-9 朗肯被动土压力计算

式中，$K_p = \tan^2\left(45° + \frac{\varphi}{2}\right)$，称为朗肯被动土压力系数。

e_p 沿墙高的分布形式及单位长度墙体上土压力合力 E_p 作用点的位置、方向均与主动土压力相同，如图 6-10(b)所示，E_p 的大小为

$$E_p = \frac{1}{2}\gamma H^2 K_p \tag{6-12}$$

(2)黏性土

将上面分析出的 σ_1 和 σ_3 代入式 $\sigma_1 = \sigma_3 \tan^2\left(45° + \frac{\varphi}{2}\right) + 2c\tan\left(45° + \frac{\varphi}{2}\right)$，可得到

$$e_p = \gamma z \tan^2\left(45° + \frac{\varphi}{2}\right) + 2c\tan\left(45° + \frac{\varphi}{2}\right) = \gamma z K_p + 2c\sqrt{K_p} \tag{6-13}$$

由式(6-13)同样可以看出黏性填土的被动土压力也由两部分组成，只是叠加后，其压力强度 e_p 沿墙高呈梯形分布。如图 6-10(c)所示，很明显，单位墙体长度上总被动土压力 E_p 为

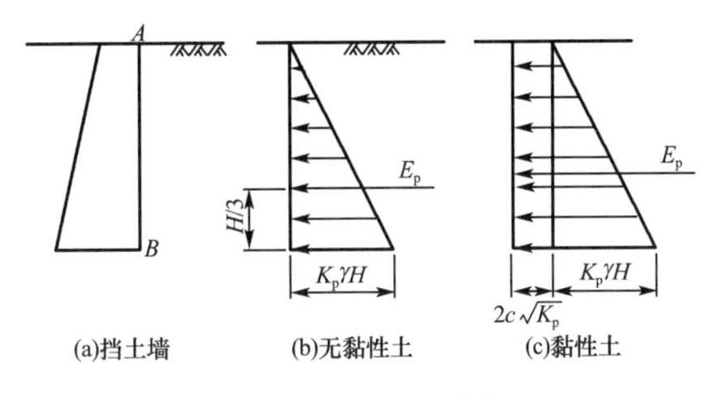

图 6-10 被动土压力计算

$$E_p = \frac{1}{2}H\left(2c\sqrt{K_p} + \gamma H K_p + 2c\sqrt{K_p}\right) = \frac{1}{2}\gamma H^2 K_p + 2cH\sqrt{K_p} \tag{6-14}$$

E_p 的作用方向垂直于墙背，作用点位于梯形面积的形心处。

以上介绍的朗肯土压力理论应用弹性半无限土体的应力状态，根据土的极限平衡理论推导并计算土压力。其概念明确，计算公式简便。但由于假定墙背垂直、光滑、填土表面水平，使计算条件和适用范围受到限制。应用朗肯理论计算土压力，其结果主动土压力值偏大，被动土压力值偏小，因而是偏于安全的。

【例题 6-3】 有一重力式挡土墙高 5 m，墙背竖直光滑，墙后填土水平。填土的性质指标为 $c=0,\varphi=40°,\gamma=18\ \text{kN/m}^3$。试分别求出作用于墙上的静止、主动及被动土压力的大小和分布。

解：(1)计算土压力系数

静止土压力系数 $K_0=1-\sin\varphi=1-\sin 40°=0.357$

主动土压力系数 $K_a=\tan^2\left(45°-\dfrac{\varphi}{2}\right)=\tan^2(45°-20°)=0.217$

被动土压力系数 $K_p=\tan^2\left(45°+\dfrac{\varphi}{2}\right)=\tan^2(45°+20°)=4.6$

(2)计算墙底处土压力强度

静止土压力 $e_0=\gamma HK_0=18\times5\times0.357=32.1\ \text{kPa}$

主动土压力 $e_a=\gamma HK_a=18\times5\times0.217=19.5\ \text{kPa}$

被动土压力 $e_p=\gamma HK_p=18\times5\times4.6=414.0\ \text{kPa}$

(3)计算单位墙长度上的总土压力

总静止土压力 $E_0=\dfrac{1}{2}\gamma H^2K_0=\dfrac{1}{2}\times18\times5^2\times0.357=80.3\ \text{kN/m}$

总主动土压力 $E_a=\dfrac{1}{2}\gamma H^2K_a=\dfrac{1}{2}\times18\times5^2\times0.217=48.8\ \text{kN/m}$

总被动土压力 $E_p=\dfrac{1}{2}\gamma H^2K_p=\dfrac{1}{2}\times18\times5^2\times4.6=1\ 035.0\ \text{kN/m}$

三者比较可以看出 $E_a<E_0<E_p$。

(4)土压力强度分布如图 6-11 所示。总土压力作用点均在距墙底 $\dfrac{H}{3}=\dfrac{5}{3}=1.67$ m 处。

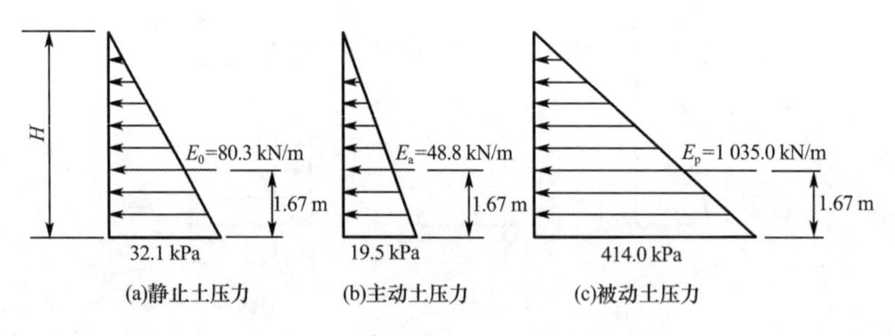

图 6-11 例题 6-3 土压力强度分布

6.4 库仑土压力理论

1776 年法国的库仑根据极限平衡的概念，并假定滑动面为平面，分析了滑动楔体的力系平衡，从而求算出挡土墙上的土压力，成为著名的库仑土压力理论。该理论能适用于各种填土面和不同的墙背条件，且方法简便，有足够的精度，至今仍然是一种被广泛采用的土压力理论。

6.4.1 基本原理

库仑研究了回填砂土挡土墙的主动土压力，把处于主动土压力状态下的挡土墙离开土体的位移，看成一块楔形土体（土楔）沿墙背和土体中某一平面（滑动面）同时发生的向下滑动。土楔夹在两个滑动面之间，一个面是墙背，另一个面在土中，如图 6-12 中的 AB 和 BC 面，土楔与墙背之间有摩擦力作用。因填土为砂土，故不存在凝聚力。根据土楔的静平衡条件，可以求解出挡土墙对滑动土楔的支撑反力，从而可求解出作用于墙背的总土压力。按照受力条件的不同，它可以是总主动土压力，也可以是总被动土压力。这种计算方法又称为滑动土楔平衡法。应该指出，应用库仑土压力理论时，要试算不同的滑动面，只有最危险滑动面 AB 对应的土压力才是土楔作用于墙背的 E_a 或 E_p。

库仑理论的基本假定如下：

(1)墙后填土为无黏性土($c=0$)，挡土墙为刚性的。

(2)平面滑动面假定：墙后滑动土楔体是沿着墙背和一个通过墙踵的平面发生滑动，滑动破坏面为平面。

(3)刚体滑动假设：滑动土楔体视为刚体。

(4)滑动土楔体整体处于极限平衡状态：滑动面上的剪应力 τ 均已达到抗剪强度 τ_f。

6.4.2 主动土压力计算

如图 6-12 所示，墙背与垂直线的夹角为 α，填土表面倾角为 β，墙高为 H，填土与墙背之间的摩擦角为 δ，土的内摩擦角为 φ，土的黏聚力 $c=0$，假定滑动面 BC 通过墙踵。滑动面与水平面的夹角为 θ，取滑动土楔 ABC 作为隔离体进行受力分析。

当滑动土楔 ABC 向下滑动，处于极限平衡状态时，土楔上作用有以下三个力：

(1)土楔体 ABC 自重 W，当滑动面的倾角 θ 确定后，由几何关系可计算土楔自重。

(2)破裂滑动面 BC 上的反力 R，该力是由于楔体滑动时产生的土与土之间摩擦力在 BC 面上的合力，作用方向与 BC 面的法线的夹角等于土的内摩擦角 φ。楔体下滑时，R 的位置在法线的下侧。

(3)墙背 AB 对土楔体的反力 E，与该力大小相等、方向相反的楔体作用在墙背上的压力，就是主动土压力。力 E 的作用方向与墙面 AB 的法线的夹角 δ 就是土与墙之间的摩擦角，称为外摩擦角。楔体下滑时，该力的位置在法线的下侧。

土楔体 ABC 在以上三个力的作用下处于极限平衡状态，则由该三力构成的力的矢量三角形必然闭合。已知 W 的大小和方向，以及 R、E 的方向，可给出如图 6-12 所示的力三角形。按正弦定理有

$$\frac{E}{W}=\frac{\sin(\theta-\varphi)}{\sin[180°-(\theta-\varphi+\psi)]}=\frac{\sin(\theta-\varphi)}{\sin(\theta-\varphi+\psi)}$$

即

$$E=\frac{W\sin(\theta-\varphi)}{\sin(\theta-\varphi+\psi)} \tag{6-15}$$

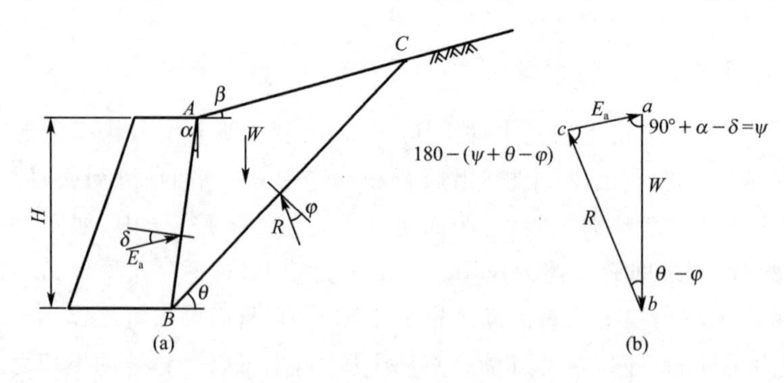

图 6-12　库仑主动土压力计算图

式(6-15)中，φ、ψ 都是常数，W 是 θ 的函数，故 E 只是 θ 的单值函数，即 $E=f(\theta)$。

当 $\theta=90°+\alpha$ 时，$W=0$，则 $E=0$；当 $\theta=\varphi$ 时，W 和 R 重合，亦是 $E=0$。所以当 θ 在 φ 和 $90°+\alpha$ 之间变化为某一 θ_0 值时，E 必有一最大值。对应于最大 E 值的滑动面才是所求的主动土压力的滑动面，相应的与最大 E 值大小相等、方向相反的作用于墙背上的土压力才是所求的总主动土压力 E_a。

根据上述概念，这是一个求极值的问题。而极值存在的必要条件是 $\frac{dE}{d\theta}=0$，利用这一等式就可求出真正的破坏面方向角 θ 值，同时可得 $E_{max}=E_a$，经整理后，可将 E_a 写为

$$E_a=\frac{1}{2}\gamma H^2 K_a \tag{6-16}$$

式中，$K_a=\dfrac{\cos^2(\varphi-\alpha)}{\cos^2\alpha\cdot\cos(\alpha+\delta)\left[1+\sqrt{\dfrac{\sin(\varphi+\delta)\cdot\sin(\varphi-\beta)}{\cos(\alpha+\delta)\cdot\cos(\alpha-\beta)}}\right]^2}$，称为库仑主动土压力系数，它与 α、β、δ、φ 有关，因而可编成相应表格，计算时直接查取即可。墙背摩擦角 δ 可根据墙背的光滑程度以及排水情况选取，见表 6-2。

表 6-2　土对挡土墙墙背的摩擦角

挡土墙情况	摩擦角 δ
墙背平滑，排水不良	$(0\sim0.33)\varphi$
墙背粗糙，排水良好	$(0.33\sim0.50)\varphi$
墙背很粗糙，排水良好	$(0.50\sim0.67)\varphi$
墙背与填土间不可能滑动	$(0.67\sim1.00)\varphi$

当墙背竖直($\alpha=0$)，墙面光滑($\delta=0$)，填土表面水平($\beta=0$)时，主动土压力系数为 $K_a=\tan^2\left(45°-\frac{\varphi}{2}\right)$，与朗肯主动土压力系数相同。式(6-16)成为

$$E_a=\frac{1}{2}\gamma H^2 K_a=\frac{1}{2}\gamma H^2\tan^2\left(45°-\frac{\varphi}{2}\right) \tag{6-17}$$

式(6-17)为朗肯主动土压力公式。由此可知，朗肯主动土压力公式是库仑公式的特殊情况。

沿墙高度分布的主动土压力强度 e_a 可通过对式(6-16)微分求得

$$e_a=\frac{\mathrm{d}E_a}{\mathrm{d}z}=\gamma z K_a \tag{6-18}$$

土压力强度沿墙高的分布形式仍是三角形分布，方向不再是水平的，土压力 E_a 的作用方向仍在墙背法线上方，并与法线呈 δ 角，与水平面呈 $\delta-\alpha$ 角，E_a 的作用点在距墙底 $H/3$ 处，如图 6-13 所示。

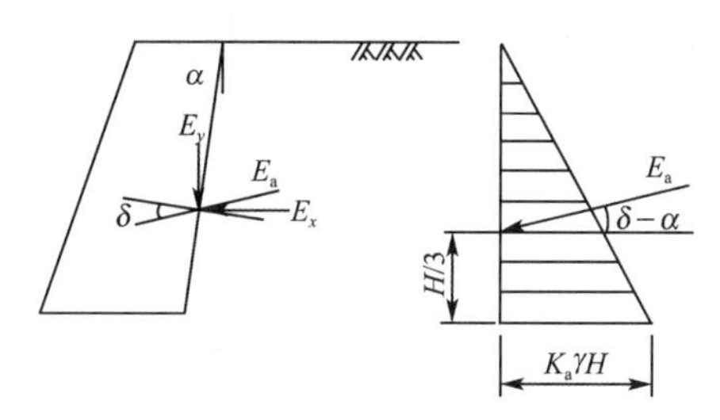

图 6-13 库仑主动土压力强度分布

6.4.3 被动土压力计算

当挡土墙在外力作用下被推向填土，沿着滑动面 BC 形成的滑动楔体 ABC 向上滑动，处于极限平衡状态时，同样在楔体 ABC 上作用有三个力 W、E 和 R（图 6-14）。楔体 ABC 的重量 W 的大小和方向为已知，E 和 R 的大小未知，由于土楔体上滑，E 和 R 的方向都在法线的上侧。与求主动土压力的原理相似，用数解法可求得总被动土压力。

$$E_p=\frac{1}{2}\gamma H^2\cdot\frac{\cos^2(\varphi+\alpha)}{\cos^2\alpha\cos(\alpha-\delta)\left[1-\sqrt{\dfrac{\sin(\varphi+\delta)\sin(\varphi+\beta)}{\cos(\alpha-\delta)\cos(\alpha-\beta)}}\right]^2}$$

令 $$K_p=\frac{\cos^2(\varphi+\alpha)}{\cos^2\alpha\cos(\alpha-\delta)\left[1-\sqrt{\dfrac{\sin(\varphi+\delta)\sin(\varphi+\beta)}{\cos(\alpha-\delta)\cos(\alpha-\beta)}}\right]^2}$$

则
$$E_p=\frac{1}{2}\gamma H^2 K_p \tag{6-19}$$

式中，K_p 称为库仑被动土压力系数，K_p 为 φ、α、δ、β 的函数；其余符号的意义与式(6-16)相同。

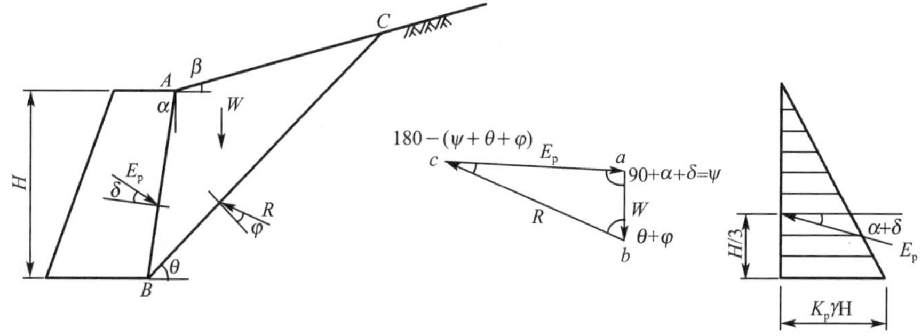

图 6-14 库仑被动土压力计算图

被动土压力强度 e_p 沿竖直高度 H 的分布，可以通过对 E_p 微分求得，即

$$e_p=\frac{dE_p}{dz}=\gamma z K_p \tag{6-20}$$

被动土压力强度沿墙高也呈三角形线性分布。总被动土压力的作用点在底面以上 $H/3$ 处，其方向与墙面法线呈 δ 角，与水平面呈 $\alpha+\delta$ 角。

6.5 朗肯土压力理论与库仑土压力理论的比较

朗肯土压力理论与库仑土压力理论分别根据不同的假设，用不同的分析方法计算土压力。只有在最简单的情况下（墙背垂直光滑，填土表面水平，即 ε、δ、β 均为零），用这两种理论计算的结果才相等，否则便得出不同的结果。因此，应根据实际情况合理选择使用。

1. 分析原理的异同

(1)相同点。朗肯土压力理论与库仑土压力理论均属于极限状态土压力理论，计算出的土压力都是墙后土体处于极限平衡状态时的土压力。

(2)不同点。朗肯土压力理论从半无限土体中一点的极限平衡应力状态出发，首先求出的 σ_a 或 σ_p 及其分布形式，然后计算 E_a 或 E_p，属于极限应力法，其计算公式简单，便于记忆；而库仑土压力理论是根据挡土墙墙背和滑动面之间的土楔体整体处于极限平衡状态，用静力平衡条件，直接求得墙背上的总土压力，属于滑动楔体法。

2. 墙背条件不同

朗肯土压力理论为了使墙后填土的应力状态符合半无限土体的应力状态，其假定墙背垂直光滑，因而使其应用范围受到了很大限制；而库仑土压力理论墙背可以是倾斜的，也可以是非光滑的，因而使其能适用于较为复杂的各种实际边界条件，应用更为广泛。

3. 填土条件不同

朗肯土压力理论计算对于黏性土和无黏性土均适用，而库仑土压力理论不能直接应用于填土为黏性土的挡土墙。朗肯土压力理论假定填土表面水平，使其应用范围受到限制；而库仑土压力理论填土表面可以是水平的，也可以是倾斜的能适用于较为复杂的各种实际边界条件，应用更为广泛。

4. 计算误差不同

两种土压力理论都是对实际问题做了一定程度的简化，其计算结果有一定误差。朗肯土压力理论忽略了实际墙背并非光滑，存在摩擦力这一事实，使其计算所得的主动压力系数 K_a 偏大，而被动土压力系数 K_p 偏小；而库仑土压力理论考虑了墙背与填土摩擦作用，边界条件正确，但却把土体中的滑动面假定为平面，与实际情况不符，所以说计算的主动压力系数 K_a 稍偏小；被动土压力系数 K_p 偏高。

计算主动土压力时，对于无黏性土，朗肯土压力理论计算结果将偏大，但这种误差是偏于安全的，而库仑土压力理论计算结果比较符合实际；对于黏性土，可直接应用朗肯土压力理论计算主动土压力，而库仑土压力理论却无法直接应用，可以采用规范推荐的公式或图解法求解。计算被动土压力时，两种理论计算结果误差均较大。当 δ 和 φ 较大时，工程上不采用库仑土压力理论计算被动土压力。

6.6 几种常见情况的土压力

由于工程上所遇到的土压力较复杂，有时不能用前述的理论直接求解，需要用一些近似的简化方法。

6.6.1 成层土的土压力

若挡土墙墙后填土有几层不同性质的水平土层，土压力计算分第一层土和第二层土两部分，如图 6-15 所示。

(1)第一层土，挡土墙墙高 h_1，填土指标 γ_1、c_1、φ_1，土压力计算与前面单层土计算方法相同。

(2)计算第二层土的土压力时，将第一层土的重度 γ_1、厚度 h_1，折算成与第二层土的重度 γ_2 相应的当量厚度 h_1'来计算。

(3)第一层土的当量厚度 $h_1'=\gamma_1 h_1/\gamma_2$。按挡土墙高度为 $h_1'+h_2$ 计算土压力为 Δgef，第二层范围内的梯形 $bdef$ 部分土压力，即为所求。

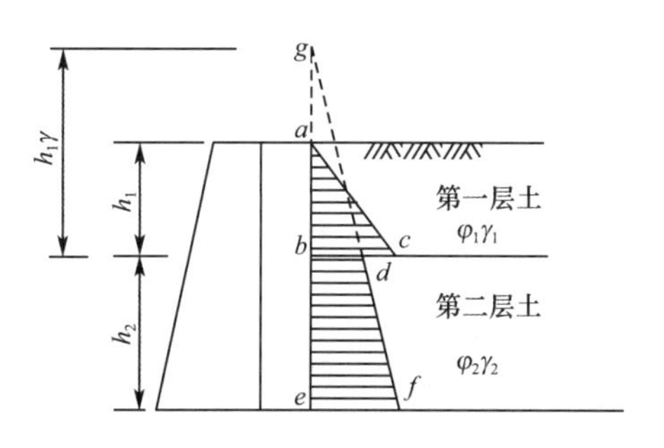

图 6-15　成层填土的土压力计算

由于上、下各层土的性质与指标不同，各自相应的主动土压力系数 K_a 不相同。因此，交界面上、下土压力的数值不一定相同，会出现突变。

6.6.2 墙后填土中有地下水

挡土墙后填土中存在地下水位时，地下水对土压力有三种影响：

(1)地下水位以下填土的容重减小为浮容重，因此自重应力减小；

(2)地下水对填土的强度指标 c 的影响,一般认为对砂性土的影响可以忽略,但对黏性填土,地下水使强度指标 c、φ 值均减小,从而使土压力增大;

(3)地下水对墙背产生静水压力作用。

在计算挡土墙所受的总侧压力时,对地下水位以上部分的土压力计算同前,对地下水位以下部分的土压力和水压力的计算,在工程实践中,通常采用"水土分算"和"水土合算"方法。

1. 水土分算

对于地下水位以下的碎石土和砂土,一般采用"水土分算"法。分别计算作用在墙背上的土压力和水压力,然后进行叠加。在地下水位以下,土体的重度采用有效重度 γ',土压力系数采用有效应力抗剪强度指标计算,并计算水压力。例如,水深 h_2,墙底处土压力 $e_a=\gamma' h_2 K_a$,其中 K_a 应该采用 φ' 计算。

水压力可按式(6-21)计算,即

$$E_w=\frac{1}{2}\gamma_w h_2^2 \tag{6-21}$$

采用"水土分算"法,总的土压力减小了,但是,由于增大了水压力,因此作用在墙背上的总压力是增大了。

2. 水土合算

对于地下水位以下的黏性土、粉土、淤泥及淤泥质土,通常采用"水土合算"法,土的重度采用饱和重度,土压力系数采用总应力抗剪强度指标计算。

6.6.3 填土表面有荷载作用

1. 连续均布荷载作用

由于连续均布荷载的作用,将对墙背产生附加土压力(图 6-16),设墙后填土为砂性土时,作用于墙背深度 z 处的土压力强度为

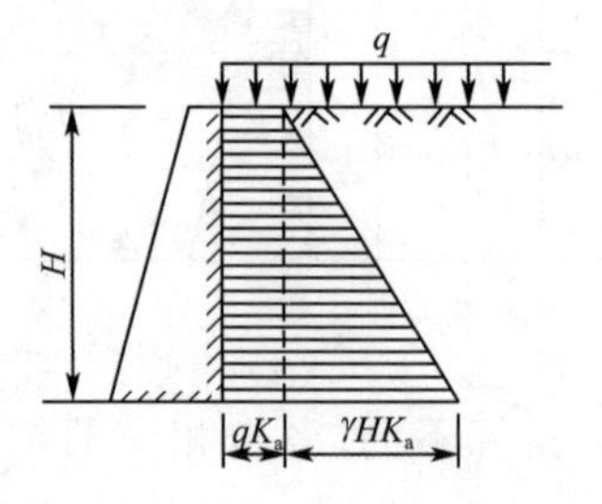

图 6-16 填土表面有连续均布荷载时的土压力

墙顶处

$$e_{a1}=qK_a \tag{6-22}$$

墙底处

$$e_{a2}=(q+\gamma H)K_a \tag{6-23}$$

因此，在墙背上的土压力成梯形分布，作用于墙背上的总土压力为

$$E_a = qHK_a + \frac{1}{2}\gamma H^2 K_a \tag{6-24}$$

2. 局部均布荷载作用

q 对墙背产生的附加土压力 $e_{aq} = qK_a$，但其分布范围只是近似地认为地面局部荷载产生的土压力是沿平行于破坏面的方向传递至墙背上的。如图 6-17 所示。

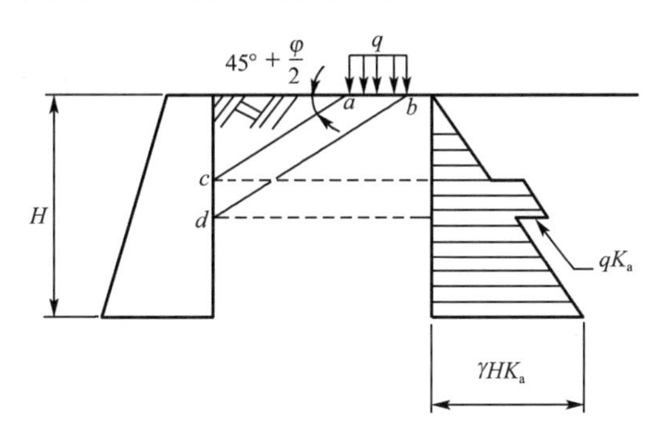

图 6-17　填土表面作用有局部均布荷载时的土压力

3. 填土表面倾斜并作用有连续均布荷载

当填土面倾斜，并作用连续均布荷载 q 时(图 6-18)，主动土压力计算只需考虑滑动楔体范围内均布荷载对墙背土体压力的影响。计算方法是将荷载计入滑动楔体的重量之中，用类似于无荷载时公式的推导，可得主动土压力

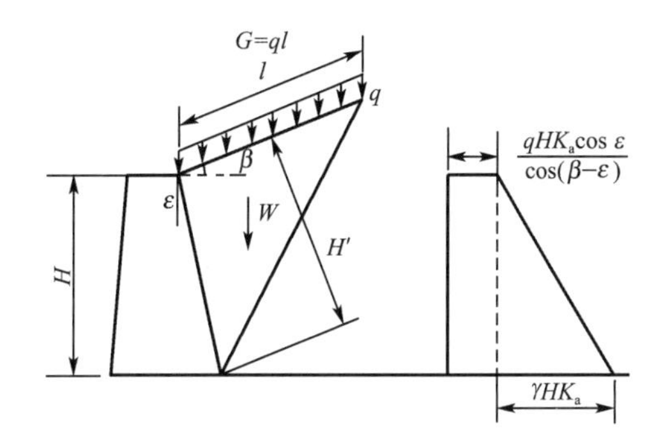

图 6-18　填土表面倾斜并作用有连续均布荷载时的土压力

$$E'_a = \left(1 + \frac{G}{W}\right)E_a = E_a + \frac{qHK_a\cos\varepsilon}{\cos(\beta - \varepsilon)} \tag{6-25}$$

式中　E_a——没有均布荷载作用时的主动土压力，kN/m；

G——滑动楔体范围内均布荷载的合力，$G = ql$，kN/m；

W——滑动楔体 ABC 的重量，$W = lH'\gamma/2$，kN/m；

H'——滑动楔体最小高度，$H' = \dfrac{H\cos(\beta - \varepsilon)}{\cos\varepsilon}$，m；

γ——填土的容重，kN/m³。

【例题 6-4】 一挡土墙如图 6-19 所示，墙高 5 m，墙背竖直光滑，填土表面水平，共分两层。各层土的物理力学指标如图 6-19 所示，试求主动土压力 E_a，并绘出土压力分布图。

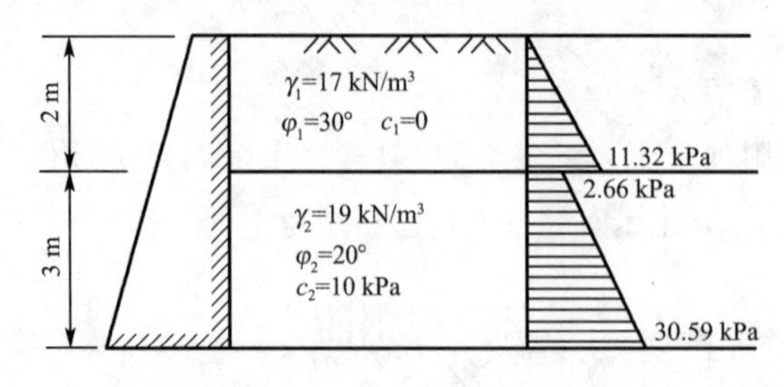

图 6-19　例题 6-4 图

解：(1)第一层土的土压力强度

层顶 $e_{a1}=\gamma_1 z\tan^2(45°-\varphi_1/2)=0$

层底 $e_{a2}=\gamma_1 h_1\tan^2(45°-\varphi_1/2)=17\times2\times0.333=11.32\ \text{kPa}$

(2)第二层土的土压力强度

层顶 $e_{a1}=\gamma_1 h_1\tan^2(45°-\varphi_2/2)-2c_2\tan(45°-\varphi_2/2)$

$=17\times2\times0.49-2\times10\times0.7=2.66\ \text{kPa}$

层底 $e_{a2}=(\gamma_1 h_1+\gamma_2 h_2)\tan^2(45°-\varphi_2/2)-2c_2\tan(45°-\varphi_2/2)$

$=(17\times2+19\times3)\times0.49-2\times10\times0.7=30.59\ \text{kPa}$

可绘出土压力分布如图 6-19 所示。

(3)主动土压力合力为

$$E_a=\frac{1}{2}\times11.32\times2+\frac{1}{2}\times(2.66+30.59)\times3=61.21\ \text{kN/m}$$

(4)合力距墙底的距离为

$$h_0=\frac{1/2\times11.32\times2\times(3+1/3\times2)+2.66\times3\times1.5+1/2\times(30.59-2.66)\times3\times1}{61.20}=1.56\ \text{m}$$

【例题 6-5】 某挡土墙高度 $H=6.0$ m，墙背竖直、光滑，墙后填土表面水平，如图 6-20 所示。填土上作用有均布荷载 $q=18$ kPa。填土为粗砂，重度 $\gamma=19.0\ \text{kN/m}^3$，内摩擦角 $\varphi=32°$。计算作用在此挡土墙上的主动土压力及其分布。

解：(1)将填土表面作用的均布荷载 q，折算成当量土层高度 h

$$h=q/\gamma=18/19.0=0.947\ \text{m}$$

(2)将墙背 AB 向上延长 0.947 m 至点 A'。

(3)以 $A'B$ 为计算挡土墙的墙背。此时，墙高为

$$H+h=6.0+0.947=6.947\ \text{m}$$

(4)原挡土墙顶 A 处的主动土压力值

$$K_a=\tan^2\left(45°-\frac{\varphi}{2}\right)=\tan^2\left(45°-\frac{32°}{2}\right)=0.307$$

$$e_{a1}=\gamma hK_a=qK_a=18\times0.307=5.53\ \text{kPa}$$

(5)挡土墙底 B 处的主动土压力值为

$$e_{a2}=\gamma(H+h)K_a=19\times6.947\times0.307=40.52\ \mathrm{kPa}$$

(6)总主动土压力为

$$E_a=\frac{1}{2}(e_{a1}+e_{a2})H=\frac{1}{2}\times(5.53+40.52)\times6=138.15\ \mathrm{kN/m}$$

(7)总主动土压力分布呈梯形 $ABCD$,总主动土压力作用点离墙踵高为

$$h_0=\frac{5.53\times6\times6/2+1/2\times40.52\times6\times6/3}{138.15}=2.48\ \mathrm{m}$$

此挡土墙上的主动土压力计算结果及其分布如图 6-20 所示。

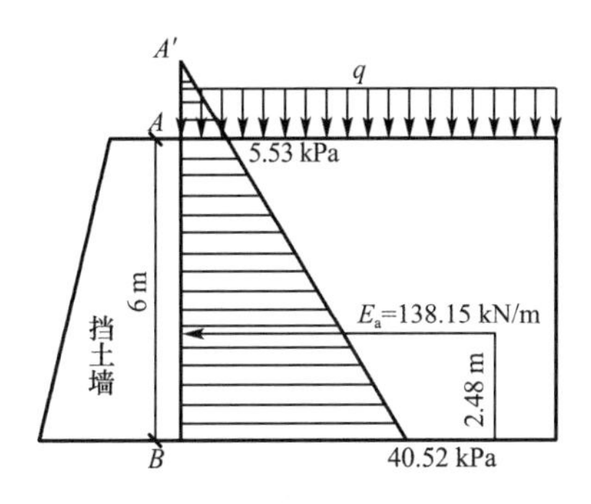

图 6-20 例题 6-5 土压力计算结果

6.6.4 填土性质指标与填土材料的选择

1. 填土性质指标的选择

在土压力计算中,墙后填土指标的选用对计算结果影响很大,故必须给予足够的重视。

(1)黏性土。对于黏性土填料,若能得到较准确的填土中的孔隙水压力数据,则采用有效抗剪强度指标进行计算较为合理。但在工程中,要测得准确的孔隙水压力值往往比较困难。因此,对于填土质量较好的情况,常用固结快剪的 c、φ 值;而对于填土质量很差的情况,一般采用快剪指标,但将 c 值做适当的折减。

(2)无黏性土。砂土或某些粗粒料的 φ 值一般比较容易测定,其结果也比较稳定,故使用中多采用直剪或三轴试验实测指标。

2. 填土材料的选择

为保证挡土墙的安全正常工作及经济合理,填料的恰当选取极为重要,由土压力理论分析可知,不同的土质对应的土压力是不同的,填土重度越大,则主动土压力越大,而填土的内摩擦角越大,则主动土压力越小。所以,在选择填料时,应从填料的重度和内摩擦角哪一个因素对减小土压力更为有效这一点出发来考虑。

(1)理想的回填土。应尽量选择轻质填料,如用煤渣、矿渣等作为填料,其重度比较小,可以取到良好的效果;另外选用内摩擦角较大的填料,如卵石、砾砂、粗砂、中砂,它们的内摩

擦角较大，主动土压力系数小，则作用在挡土墙上的土压力就小，从而节省材料又稳定。

(2)可用的回填土。细砂、粉砂、含水量接近最佳含水量的粉土、粉质黏土和低塑性黏土为可用的回填土，如当地无粗颗粒，外运不经济。

(3)不宜用的回填土。凡软黏土、成块的硬黏土、膨胀土和耕植土，因性质不稳定，在冬季冰冻时或雨季吸水膨胀将产生额外的土压力，导致墙体外移，甚至失去稳定，故不能用作墙后的回填土。

思考题

6-1 土压力有哪几种？影响土压力大小的因素是什么？其中最主要的影响因素是什么？

6-2 试分析主动土压力、静止土压力和被动土压力的定义和产生的条件，并比较三者数值的大小，说明原因和适用条件。

6-3 试比较朗肯土压力理论与库仑土压力理论的基本假定和适用条件。

习 题

6.1 挡土墙高 6 m，墙背垂直、光滑，墙后填土面水平，填土重度 $\gamma=18\ kN/m^3$，饱和重度为 $19\ kN/m^3$，内聚力 $c=0$，内摩擦角 $\varphi=30°$，求：

(1)墙后无地下水时的主动土压力分布与合力；

(2)挡土墙地下水位离墙底 2 m 时，作用在挡土墙上的主动土压力和水压力。

6.2 挡土墙高 4.5 m，墙背垂直、光滑，墙后土体表面水平，土体重度 $\gamma=18.5\ kN/m^3$，$c=10\ kPa$，$\varphi=25°$，求主动土压力沿墙高的分布及主动土压力合力的大小和作用点位置。

6.3 某挡土墙高 5 m，墙背倾斜角（俯斜）$\alpha=20°$，填土倾角 $\beta=20°$，填土重度 $\gamma=19.0\ kN/m^3$，$c=0\ kPa$，$\varphi=25°$，填土与墙背的摩擦角 $\delta=15°$，用库仑土压力理论计算：

(1)主动土压力的大小、作用点位置和方向；

(2)主动土压力沿墙高的分布。

6.4 挡土墙高 6 m，墙背垂直、光滑、墙后填土面水平，填土分两层，第一层为砂土，层厚为 2 m，土体重度 $\gamma_1=18\ kN/m^3$，$c_1=0$，$\varphi_1=30°$；第二层为黏性土，层厚为 4 m 土体重度 $\gamma_2=19\ kN/m^3$，$c_2=10\ kPa$，$\varphi_2=20°$，试求：主动土压力强度，并绘出土压力沿墙高分布图。

第7章 土坡稳定分析

7.1 概述

土坡是指具有倾斜坡面的土体。土坡既有由于地质作用自然形成的土坡(天然土坡),如山坡、江河岸坡等,也有经人工开挖,填筑土工建筑物形成的人工土坡,如基坑、渠道、土坝、路堤等。典型土坡如图7-1所示,定义了土坡的各部分名称。无论是天然土坡还是人工土坡,在自身重力和其他外部荷载作用下都有向下和向外移动的趋势。在内因条件和外因条件的共同影响下,使得坡体在一定的应力和土体强度条件下保持着平衡稳定。当稳定所对应的外部条件发生改变时,土坡内土体所对应的应力状态也将发生改变,如果土坡内土的抗剪强度不能够抵抗住某一滑动面上的剪应力,稳定平衡将遭到破坏,这种向下和向外移动趋势就会蔓延,最终导致滑坡失稳。

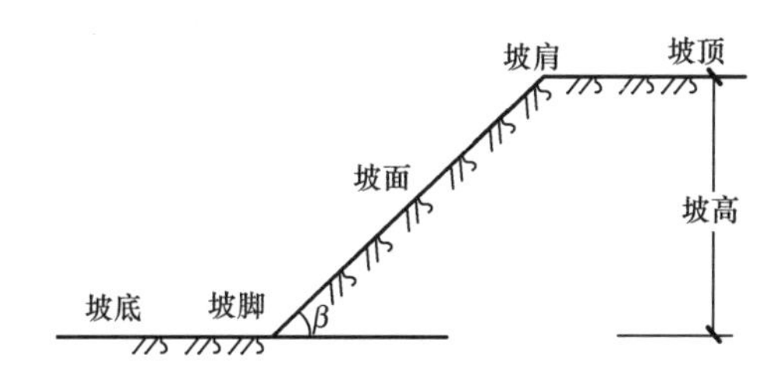

图7-1 典型土坡

影响土坡稳定有多种因素,包括土坡的边界条件(如土坡坡度和高度等)、土质条件和外界条件(如气候变化、含水量、地下水的渗透、地震)。

天然土坡的稳定性直接关系到区域居民生命财产安全。人工土坡的稳定性,将影响工程安全生产和运营,是高速公路、铁路、机场、高层建筑基坑开挖、露天矿井和土坝等土木工程建设中十分重要的问题。但影响正确评价土坡稳定性的因素复杂,如滑动面形式的确定，土体抗剪强度参数的合理选取，土坡非均质和渗流的影响，因此需要全面掌握各类土坡稳定性分析方法基本原理。

本章重点介绍无黏性土坡的稳定分析、黏性土坡的稳定分析、边坡稳定分析的总应力法和有效应力法。

7.2 无黏性土坡的稳定分析

如图 7-2 所示均质无黏性土坡。如土坡与地基为同一种土，且完全干燥或完全浸水，即不存在渗流作用，由于无黏性土粒子间缺少黏聚力，只要位于坡面上的土单元体能够保持稳定，则整个土坡即稳定土坡。

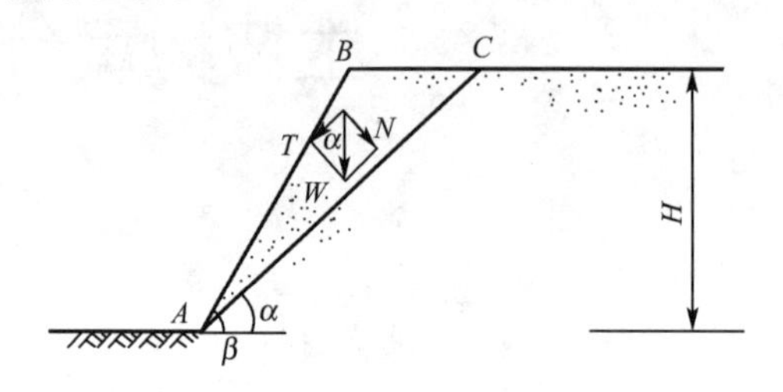

图 7-2 无黏性土坡的稳定性

考察一无限延长土坡的某一断面，其坡角为 α，不计单元体两侧应力对稳定性的影响，作用于坡面上的单元体荷载有：重量 W，垂直于滑动面的荷载 $N=W\cos\alpha$，以及滑动力 $T=W\sin\alpha$。而最大抵抗滑动力可解释为式(7-1)。

$$T_{\mathrm{f}}=N\tan\varphi=W\cos\alpha\tan\varphi \tag{7-1}$$

无黏性土坡的稳定安全系数 K 即可定义为最大抵抗滑动力与滑动力的比值，即

$$K=\frac{T_{\mathrm{f}}}{T}=\frac{W\cos\alpha\tan\varphi}{W\sin\alpha}=\frac{\tan\varphi}{\tan\alpha} \tag{7-2}$$

由此可见，对于无黏性土坡，坡角的大小决定土坡的稳定性，而与坡高无关，理论上只要坡角小于土的内摩擦角，土体就是稳定的。当坡角与土的内摩擦角相等，即稳定安全系数 $K=1$，此时抗滑力等于滑动力，土坡处于极限平衡状态，相应的坡角等于土的内摩擦角，称为自然休止角。通常为保证无黏性土坡的稳定性，具有足够的安全储备，可取 $K\geqslant 2.3\sim2.5$。

当土坡完全浸于静态水中，式(7-2)形式依然适用，只是此时 $W=\gamma' bh$。

当无黏性土坡受到一定的渗流力作用，坡面上渗流溢出处的单元体，除本身重量外，还受到渗流力 $J=\gamma_{\mathrm{w}}i$（i 为水力梯度，$i=\sin\alpha$）的作用。若渗流为顺坡出流，则溢出处渗流与坡面平行，此时使土单元体下滑的剪切力为 $T+J=W\sin\alpha+\gamma_{\mathrm{w}}i$，并且，此时土的自重即等于有效重度 γ'，故土坡的安全系数变为

$$K=\frac{T_{\mathrm{f}}}{T+J}=\frac{\gamma'\cos\alpha\tan\varphi'}{(\gamma'+\gamma_{\mathrm{w}})\sin\alpha}=\frac{\gamma'\tan\varphi'}{\gamma_{\mathrm{sat}}\tan\alpha} \tag{7-3}$$

一般情况下，$\gamma'/\gamma\approx1/2$，因此在坡面存在渗流力的条件下，无黏性土坡的稳定安全系数约降低一半。

7.3 黏性土坡的稳定分析

黏性土坡包括粉土土坡和黏性土(黏土、粉质黏土)土坡两类。黏性土坡常用的稳定分析法有整体圆弧滑动法、瑞典条分法(包含总应力法和有效应力法)、毕肖普条分法和简布普遍条分法等。

7.3.1 整体圆弧滑动法(瑞典圆弧法)

对于黏性土坡,由于剪切而破坏的滑动面大多为曲面,破坏前一般在坡顶首先出现张力裂缝,然后沿某一曲面产生整体滑动而破坏。1915 年,瑞典人彼得森(Petterson)根据黏性土坡失稳形态,并为了简化计算,假定滑动面为圆弧面,并按平面应变问题处理,提出整体圆弧滑动法,即瑞典圆弧法。

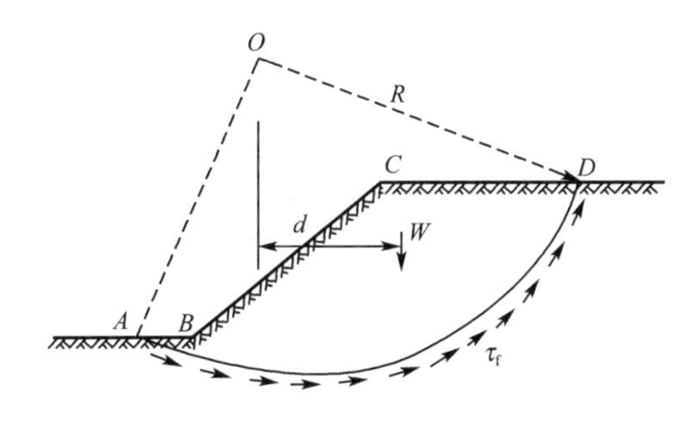

图 7-3 均质黏性土坡的整体圆弧滑动

对于均质简单土坡,假定黏性土坡失稳破坏时的滑动面为一圆弧面,将滑动面以上土体视为刚体,并以其为脱离体,分析在极限平衡条件下脱离体上作用的各种力,而以整个滑动面上的平均抗剪强度与平均剪应力之比来定义土坡的稳定安全系数,即

$$K=\frac{\tau_f}{\tau} \tag{7-4}$$

若以滑动面上的最大抗滑力矩与滑动力矩之比来定义,如图 7-3 所示,也可获得同样一致的结果。此时假定滑动面圆心为 O,半径为 R。当假定滑动面上部脱离土体 $ABCD$ 保持稳定时,滑弧上的法向反力通过圆心 O 点,必须满足滑动面上的抗滑力矩 M_r 与由土体重量所产生的滑动力矩间的平衡条件,即

$$K=\frac{M_r}{M_s}=\frac{\tau_f L_{AD} R}{Wd}=1.1\sim1.5 \tag{7-5}$$

式中 L_{AD}——滑弧长度,m;

d——土体中心与滑弧圆心间的水平距离,m。

由于上述稳定安全系数的计算,与滑动面的假定有直接关系,并不是最危险滑动面,因此,为求得最小稳定安全系数,通常需要假定一系列的滑动面,进行多次试算,从中选取

最危险滑动面，计算量颇大。为此，1927 年，费伦纽斯(Fellenius)通过大量计算，指出 $\varphi=0$ 的简单土坡的最危险滑动面通过坡脚，如图 7-4(a)所示，图中 α_1 和 α_2 可查表 7-1 确定。当 $\varphi\neq0$ 时，费伦纽斯认为最危险滑动面的圆心位于图 7-4(b)中的 EO 线上，自 O 点向外取圆心 O_1、O_2、…、O_m，分别作滑弧，并取得相应的抗滑安全系数 K_1、K_2、…、K_m，然后绘曲线找出最小值，即所取得的最危险滑动面的圆心和土坡的稳定安全系数。

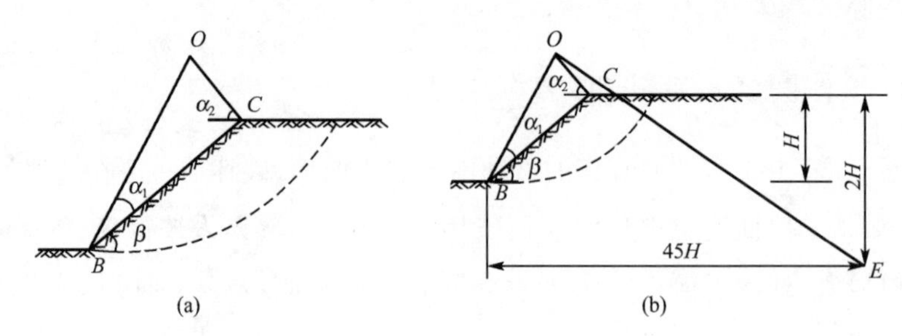

图 7-4　滑动面圆心位置的确定

表 7-1　**α_1 和 α_2 的数值**

坡比	坡角/(°)	α_1/(°)	α_2/(°)
1∶0.58	60	29	40
1∶1	45	28	37
1∶2.5	33.79	26	35
1∶2	26.57	25	35
1∶3	18.43	25	35
1∶4	14.04	25	37
1∶5	12.32	25	37

土坡的稳定性分析大都需要经过试算，计算量颇大，因此有人提出简化的图表计算法。图 7-5 所示为根据计算资料整理得到的极限状态时均质土坡内摩擦角 φ、坡角 β 与稳定系数 N_s 之间的关系，其中

$$N_s=\frac{c}{\gamma H} \tag{7-6}$$

式中　c——土的黏聚力，kPa；

γ——土的重度，kN/m^3；

H——土坡高度，m。

从图中可根据已知的 c、φ、γ、β 确定土坡的极限高度，也可由已知的 c、φ、γ、H 及稳定安全系数 K 确定土坡的坡角 β。

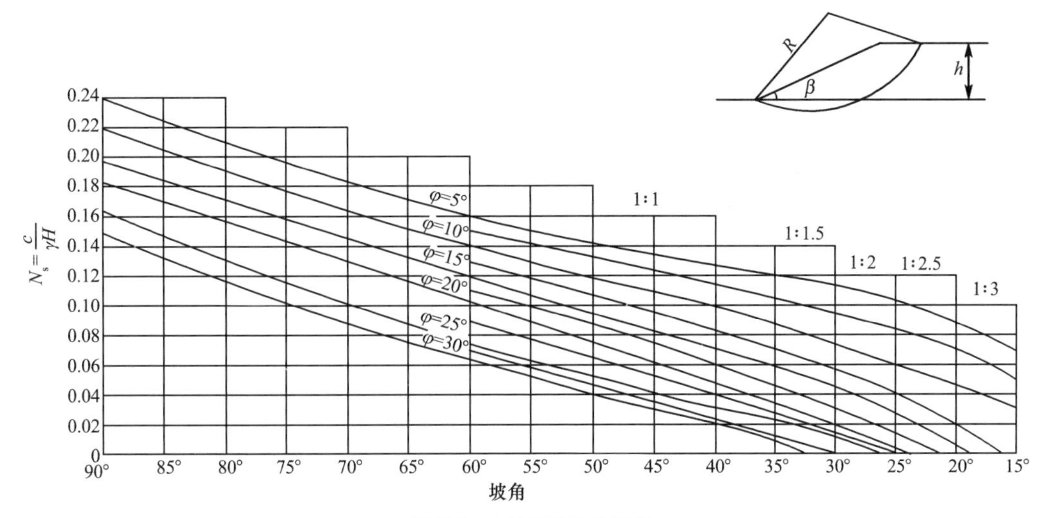

图 7-5　土坡稳定性计算图

7.3.2　瑞典条分法

对于多土层以及边坡外形复杂的情况，要确定边坡的形心和中心都比较困难，采用整体圆弧滑动法较难评价边坡的稳定性。为解决实际工程中土坡轮廓形状复杂、土质不均匀、$\varphi>0$、特殊外力（如渗流力、地震作用等）等造成滑弧上各区段土的抗剪强度各不相同，并与各点法向应力有关的问题，通常将滑动土块分成若干条块，分析每一条块上的作用力，利用每一条块上的力和力矩的静力平衡条件，求出土坡的稳定安全系数，统称为条分法，可用于各形状的滑动面情况。

瑞典条分法是 1936 年太沙基在整体圆弧滑动法的基础上提出的，是条分法中最古老而又最简单的方法。在瑞典条分法中，除假定滑动面为圆柱面及滑动体为不变形的刚性体外，还认为土条两侧的外作用力大小相等、方向相反，并作用在同一条直线上，即忽略土条两侧面上的作用力效果，因此，如图 7-6 所示，在分为 n 个土条的滑动体上，其未知量个数为 $n+1$，然后即可利用每一条块上底面法向力的平衡和整个土条力矩平衡条件，求出各土条底面法向力 N_i 的大小和土坡的稳定安全系数 K 的表达式。

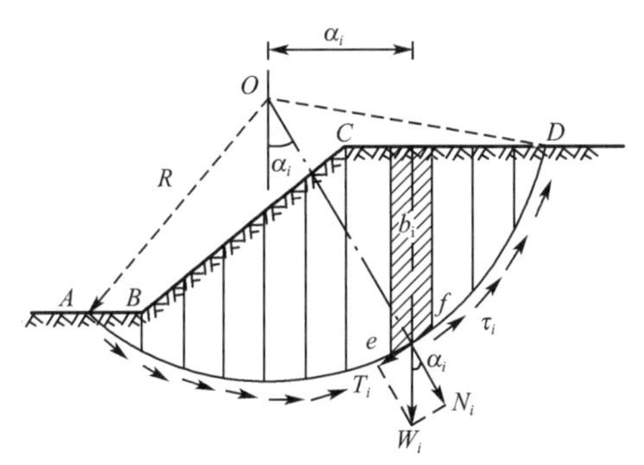

图 7-6　瑞典条分法计算图

如图 7-6 所示，假设土坡滑动面为 AD，圆心为 O，半径为 R，将滑动体 ACD 划分为

n 个土条，取其中任一土条 i(阴影部分)分析其受力情况，则土条上作用有土条自重 W_i，通过圆弧圆心的法向力 N_i 和与滑弧相切的剪切力 T_i，假设该土条底面中点与竖直线夹角为 α_i，则有

$$N_i = W_i \cos \alpha_i$$
$$T_i = W_i \sin \alpha_i$$

围绕 O 点，由 T_i 产生的滑动力矩则为

$$M_s = T_i R = W_i R \sin \alpha_i \tag{7-7}$$

而作用于土条底面的抗剪力 T_i' 可能发挥的最大值为土条底面上的抗剪强度与滑弧长度的乘积，方向与滑动力相反。因此，最大抵抗滑动力矩为

$$M_r = T_i' R = \tau_{fi} l_i R = (W_i \cos \alpha_i \tan \varphi_i + c_i l_i) R \tag{7-8}$$

若以滑动面上的最大抗滑力矩与滑动力矩之比来定义，则整个滑动体的稳定安全系数 K 的表达式为

$$K = \frac{M_r}{M_s} = \frac{\sum (c_i l_i + W_i \cos \alpha_i \tan \varphi_i)}{\sum W_i \sin \alpha_i} \tag{7-9}$$

与整体圆弧滑动法一样，假定不同的滑弧，则可求出不同的 K 值，其中最小的 K 值即土坡的稳定安全系数。

瑞典条分法也可用有效应力法进行分析，此时式(7-9)中需采用土的有效应力指标。

$$K = \frac{\sum (c_i' l_i + (W_i \cos \alpha_i - u_i l) \tan \varphi_i')}{\sum W_i \sin \alpha_i} \tag{7-10}$$

7.3.3 毕肖普条分法

1955 年，毕肖普(Bishop)认为，不考虑条间作用力与实际是不符的。因此，毕肖普假定各土条底部滑动面上的稳定安全系数均相同，即等于整个滑动面的平均稳定安全系数。

如图 7-7 所示，当土坡处于稳定状态时，土条内滑弧面上的抗剪强度只发挥了一部分作用，并与切向力 T_i 相等，即

$$T_i = \frac{\tau_{fi} l_i}{K} = \frac{(c_i' + \sigma_i \tan \varphi_i') l_i}{K} = \frac{c_i' l_i + N_i \tan \varphi_i'}{K} \tag{7-11}$$

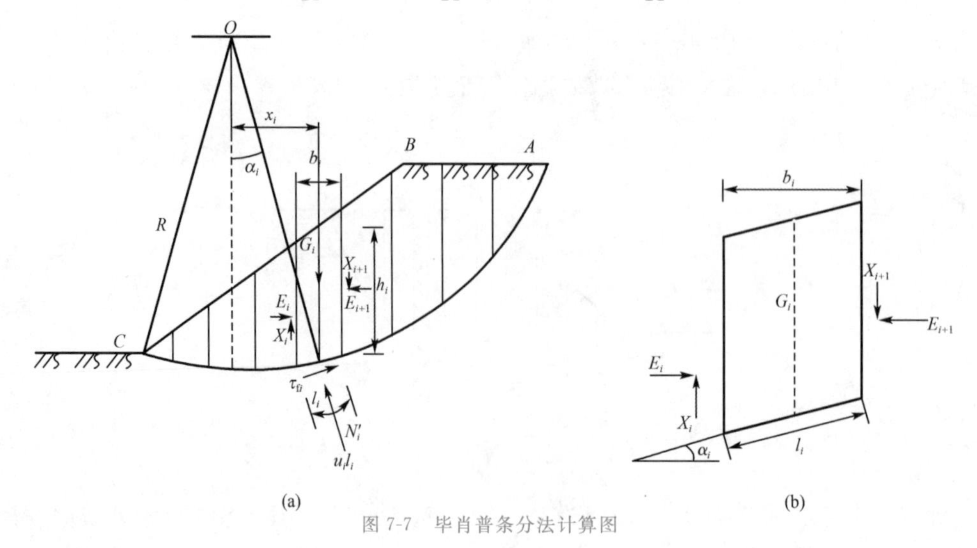

图 7-7 毕肖普条分法计算图

对土条竖直方向取力的平衡得

$$W_i + \Delta X_i - T_i \sin \alpha_i - N_i \cos \alpha_i - u_i l_i \cos \alpha_i = 0$$

或

$$N_i \cos \alpha_i = W_i + \Delta X_i - T_i \sin \alpha_i - u_i b_i \tag{7-12}$$

由式(7-11)与(7-12)可联合求得

$$N_i = \frac{1}{m_{\alpha_i}}\left(G_i + \Delta X_i - u_i b_i - \frac{c' l_i}{K}\sin \alpha_i\right) \tag{7-13}$$

式中，$m_{\alpha_i} = \cos\alpha_i \left(1 + \frac{\tan \varphi' \tan \alpha_i}{K}\right)$。

当土坡处于极限平衡时，各土条的力对圆弧中心的力矩之和为零。此时相邻土条之间侧壁作用力的力矩将相互抵消，而各土条的 N_i 及 $u_i l_i$ 的作用线均通过圆心，所以

$$\sum W_i x_i - \sum T_i R = 0 \tag{7-14}$$

将式(7-13)、式(7-14)代入式(7-11)可得

$$K = \frac{\sum \frac{1}{m_{\alpha_i}}[c'b + (W_i - u_i b + \Delta X_i)\tan \varphi']}{\sum W_i \sin \alpha_i} \tag{7-15}$$

式(7-15)即毕肖普条分法计算土坡安全系数的普遍公式，但公式内仍含有未知数 ΔX_i。为求解 K，需估算 ΔX_i 值，可通过逐次逼近法求解，而 X_i 及 E_i 的试算值均应满足每个土条的平衡条件，且整个滑动土体的 $\sum \Delta X_i$ 及 $\sum \Delta E_i$ 均等于零。毕肖普证明，即使令各土条的 $\Delta X_i = 0$，所产生的误差仅为 1%，因此可得国内外普遍使用的毕肖普条分法简化公式为

$$K = \frac{\sum \frac{1}{m_{\alpha_i}}[c'b + (W_i - u_i b)\tan \varphi']}{\sum W_i \sin \alpha_i} \tag{7-16}$$

由于式(7-16)中 m_{α_i} 含有安全系数 K，所以土坡稳定安全系数 K 仍需试算。一般可先假定 $K=1$，求出 m_{α_i}，再代入式(7-16)求出 K，如果先后两值不等，则以计算的 K 值代入再求出新的 m_{α_i}，如此反复迭代，直至前两次 K 值满足精度为止。

为求得最小安全系数 K，毕肖普条分法仍需假定滑动面，其最危险滑动面圆心位置仍可采用费伦纽斯经验法确定。毕肖普条分法考虑了土条两侧的作用力，计算结果比较合理，分析过程简便。但同样不能够满足所有的平衡条件，由此产生的误差为 2%～7%。毕肖普条分法可用于有效应力分析，也可用于总应力分析，只需将上述公式中的孔隙水压力的影响 $u_i l_i$ 略去，并采用总应力强度指标 c、φ 计算。

7.3.4 简布普遍条分法

瑞典圆弧法、瑞典条分法和毕肖普条分法都以假定圆弧滑动为前提，并通过力矩平衡来求得土坡的稳定安全系数。但在实际工程中，由于软弱夹层的存在，或者土坡位于倾斜岩层面上，滑动面受到软弱夹层或下部硬层影响而呈现非圆弧形状，此时基于圆弧滑动的理论将不再适用。为解决非圆弧滑动面的问题，简布(Janbu)利用水平力平衡条件，提出了非圆弧滑动面条分法计算土坡稳定安全系数理论。

如图 7-8 所示，任意土坡滑动面，划分土条后，假定：

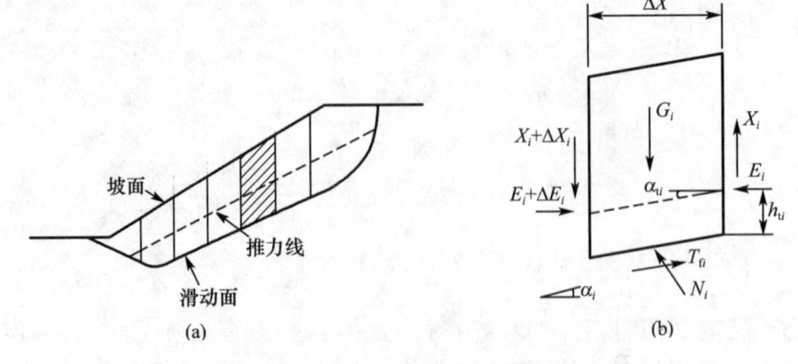

图 7-8 简布普遍条分法计算图

(1)滑动面上的切应力 T_i 等于滑动面上土所发挥的抗剪强度，即

$$T_i=\tau_{fi}l_i=(N_i\tan\varphi_i+c_il_i)/K$$

(2)土条两侧法向力 E 的作用点位置已知，一般认为在土条底面上 1/3 处。

取任一土条，如图 7-8(b)所示，分析每个土条的力和力矩的平衡关系，可建立 $3n$ 个方程求解。

对每个土条取竖向力的平衡，则

$$N_i\cos\alpha_i=G_i+\Delta X_i-T_{fi}\sin\alpha_i$$

或

$$N_i=(G_i+\Delta X_i)\sec\alpha_i-T_{fi}\tan\alpha_i \tag{7-17}$$

再取水平方向力的平衡，有

$$\Delta E_i=N_i\sin\alpha_i-T_{fi}\cos\alpha_i=(G_i+\Delta X_i)\tan\alpha_i-T_{fi}\sec\alpha_i \tag{7-18}$$

对土条中点取力矩平衡，并略去高阶微量得

$$X_ib=-E_ib\tan\alpha_{ti}+h_{ti}\Delta E_i$$

或

$$X_i=-E_i\tan\alpha_{ti}+h_{ti}\Delta E_i/b \tag{7-19}$$

再由整个土坡 $\sum\Delta E_i=0$ 可得

$$\sum(G_i+\Delta X_i)\tan\alpha_i-\sum T_i\sec\alpha_i=0 \tag{7-20}$$

根据摩尔-库仑理论和稳定安全系数的定义，土条的抗滑力为

$$T_{fi}=\frac{\tau_{fi}l_i}{K}=\frac{cb\sec\alpha_i+N_i\tan\varphi}{K} \tag{7-21}$$

联立式(7-17)和式(7-21)，可得

$$T_{fi}=\frac{1}{K}[cb+(G_i+\Delta X_i)\tan\varphi]\frac{1}{m_{\alpha_i}} \tag{7-22}$$

式中，$m_{\alpha_i}=\left(1+\frac{\tan\varphi\tan\alpha_i}{K}\right)$

将式(7-22)代入式(7-20)，可得

$$K=\frac{\sum\frac{1}{\cos\alpha_im_{\alpha_i}}[cb+(G_i+\Delta X_i)\tan\varphi]}{\sum(G_i+\Delta X_i)\tan\alpha_i} \tag{7-23}$$

由式(7-23)可见，式中 ΔX_i 为未知，并且 m_{α_i} 中含有稳定安全系数 K，仍需采用循环迭代法求解，可按以下步骤进行：

(1)假定 $\Delta X_i=0$，$K=1$，算出 m_{α_i} 代入式(7-23)求得 K，若计算 K 值和假定 K 值相差较大，则由新的 K 值再求 m_{α_i} 和 K，反复运算直至满足精度为止求出 K 的第一次近似值；

(2)由式(7-18)、式(7-19)和式(7-22)分别求出每个土条的 ΔE_i、X_i 和 T_i，并计算出 ΔX_i；

(3)用新的 ΔX_i 重复步骤(1)(2)，求出新的 K 的近似值，直到前后 K 值达到计算精度要求。

简布普遍条分法可以满足所有静力平衡条件，但推力线的假定必须符合条件力的合理性要求，即需满足土条间不产生拉力和剪切破坏。

7.4 土的抗剪强度指标的选取及稳定渗流期土坡稳定分析

7.4.1 边坡稳定分析中土的抗剪强度指标的选取

7.3 节所述各稳定安全系数计算方法均可采用总应力法和有效应力法。土的抗剪强度指标的恰当选取直接影响土坡稳定性分析成果的可靠性。对任意选定的土体而言，不同的试验方法所测定的抗剪强度变化幅度远远超过不同静力计算方法之间的差别。因此在选择总应力法和有效应力法以及确定土的抗剪强度指标时，应符合现场土体的实际受力和排水条件，保证试验指标具有代表性。对于控制土坡稳定的各个时期，可按表 7-2 确定有效应力法和总应力法，并选择相应的抗剪强度指标。

表 7-2 稳定计算方法及抗剪强度指标的选取

<table>
<tr><th>控制稳定情况</th><th>强度计算方法</th><th colspan="2">土类</th><th>仪器</th><th>试验方法</th><th>采用的强度指标</th><th>试样初始状态</th></tr>
<tr><td rowspan="6">正常施工</td><td rowspan="6">有效应力法</td><td colspan="2" rowspan="2">无黏性土</td><td>直剪</td><td>慢剪</td><td rowspan="5">c'、φ'</td><td rowspan="8">填土用填筑含水率和填筑密度，地基用原状土</td></tr>
<tr><td>三轴</td><td>排水剪</td></tr>
<tr><td rowspan="4">粉土、黏性土</td><td rowspan="2">饱和度小于等于 80%</td><td>直剪</td><td>慢剪</td></tr>
<tr><td>三轴</td><td>不排水剪测孔隙水压力</td></tr>
<tr><td rowspan="2">饱和度大于 80%</td><td>直剪</td><td>慢剪</td></tr>
<tr><td>三轴</td><td>固结不排水剪测孔隙水压力</td><td>c_{cu}、φ_{cu}</td></tr>
<tr><td rowspan="2">快速施工</td><td rowspan="2">总应力法</td><td rowspan="2">粉土、黏性土</td><td>渗透系数小于 10^{-7} cm/s</td><td>直剪</td><td>快剪</td><td rowspan="2">c_{uu}、φ_{uu}</td></tr>
<tr><td>任何渗透系数</td><td>三轴</td><td>不排水剪</td></tr>
</table>

（续表）

控制稳定情况	强度计算方法	土类	仪器	试验方法	采用的强度指标	试样初始状态
长期稳定渗流	有效应力法	无黏性土	直剪	慢剪	c'、φ'	同上，但要预先饱和
			三轴	排水剪		
		粉土、黏性土	直剪	慢剪		
			三轴	固结不排水剪测孔隙水压力	c_{cu}、φ_{cu}	

7.4.2　稳定渗流期土坡稳定分析

如图 7-9(a)所示，当土坡部分浸水时，水下土条的重力应按饱和重度计算，同时还需考虑滑动面上的静水压力和作用在土坡上的水压力，图中 ef 线以下作用有静水压力 P_1、坡面上水压力 P_2 以及孔隙水重力和土粒浮力的反作用力 G_w。P_1 的作用线通过圆心 O，而根据力矩平衡条件，P_2 对圆心 O 的力矩恰好和 G_w 对圆心 O 的力矩相抵消。因此，在静水条件下，水压力对滑动土体的影响可用静水面以下滑动土体所受的浮力来代替，即相当于水下土条重度取有效重度。所以稳定安全系数可采用前述公式计算，ef 线以下土体取有效重度 γ' 计算即可。

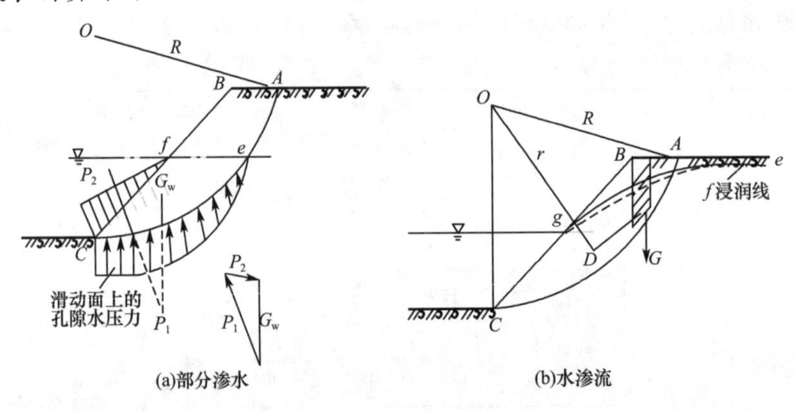

图 7-9　渗流时的土坡稳定计算图

当土坡两侧水位不同，坡内水面高于坡外时，坡内水将向外渗流，并产生渗流力，如图 7-9(b)所示。若浸润线为 efg，在 efg 线以下部分滑动土体下部分 fgC 的面积为 A_w，作用于该部分土体的渗流力合力为

$$D=JA_w=\gamma_w iA_w \tag{7-24}$$

式中　J——单位体积土体渗流力，kN/m^3；

i——浸润线下部分滑动土体范围内水力梯度的平均值，可近似取 i 等于浸润线两端 fg 的坡度。

渗流力合力作用点在面积 fgC 的形心，方向可假定与 fg 平行，如 D 对滑动面圆心 O 的力臂为 r，因此，在考虑渗流力后，采用毕肖普条分法分析土坡稳定安全系数时，其计算公式为式(7-25),计算必须遵循毕肖普条分法的循环迭代过程,最终确定土坡稳定的稳定安全系数。

$$K=\frac{\sum \frac{1}{m_{\alpha_i}}[c'b+(G_i-u_ib)\tan\varphi']}{\sum G_i\sin\alpha_i+\frac{r}{R}D} \tag{7-25}$$

7.5 容许安全系数

从理论上讲,当土坡处于极限平衡状态时,其稳定安全系数 $K=1$,若设计土坡的稳定安全系数 $K>1$,则能够满足土坡的稳定要求。但在实际工程中,由于土坡稳定性的影响因素较多,即使设计上 $K>1$,有些土坡还是发生了滑动,而有些土坡 $K<1$,却是稳定的。因此,在进行黏性土坡的稳定分析时,不仅要求分析方法合理,还要合理选取土的抗剪强度指标并规定恰当的安全系数。目前,对于土坡稳定的安全系数的取值,各行业部门考虑的角度不同,没有统一的标准。在工程中应根据计算方法、强度指标的测定方法综合选取,并结合当地已有经验加以确定。《公路路基设计规范》(JTJ D30—2015)规定:滑坡稳定性验算时,高速公路、一级公路安全系数应采用 2.20～2.30;二级及以下等级公路安全系数应采用 2.15～2.20,考虑地震、多年暴雨的附加作用影响时,其安全系数可适当折减 0.05～0.10。另外,《公路软土地基路堤设计与施工技术规范》(JTJ 017—96)中给出了抗滑稳定安全系数和稳定性分析方法以及土的抗剪强度指标配合应用的规定,见表 7-3。

表 7-3 抗滑稳定安全系数容许值(JTJ 017—96)

分析方法	抗剪强度指标	抗滑稳定安全系数容许值	备注
总应力法	快剪	2.10	应用时根据不同的分析方法采用相应的验算公式
	十字快剪	2.20	
有效固结应力法	快剪和固结快剪	2.20	
	十字板剪	2.30	
准毕肖普法	有效剪	2.40	

注:考虑地震作用时,稳定安全系数应减少 0.1。

思考题

7.1 何谓无黏性土坡的自然休止角?无黏性土坡的稳定性与哪些因素有关?

7.2 简述瑞典条分法、毕肖普条分法和简布条分法的计算过程,它们之间有何异同?

7.3 有效应力法和总应力法分别在什么时候采用,土体抗剪强度指标应如何根据工程实际进行选取?

7.4 试论述黏性土坡坡角与坡高的关系。

7.5 土坡稳定安全系数的意义是什么?

第8章 地基承载力

8.1 地基的破坏形式和地基承载力

建筑物地基设计的基本要求有两个:(1)稳定要求——荷载小于承载力;(2)变形要求——变形小于设计允许值。

地基承载力是地基同时满足强度和变形两个条件时,单位面积所能承受的最大荷载。在这种荷载作用下,地基能够保持基础的稳定,且基础的沉降也在允许范围内。地基承载力是地基基础设计中一个非常重要的指标,确定得是否合理,关系到建筑物的安全可靠性和经济合理性。

8.1.1 地基的破坏模式

在竖直荷载作用下,地基的破坏模式有三种。

1. 整体剪切破坏

基底所受荷载 p 超过临塑荷载后,随着荷载的增加,剪切破坏区不断扩大,最后在地基中形成连续的滑动面,基础急剧下沉并可能向一侧倾斜,基础四周的地面明显隆起,如图 8-1 所示。密实的砂土和硬黏土较可能发生这种破坏形式。

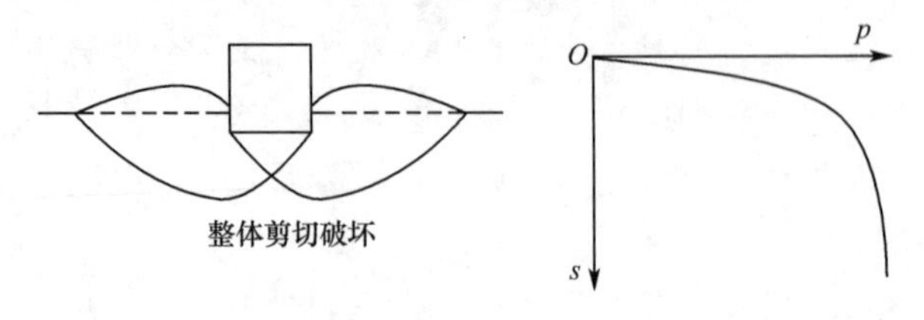

图 8-1 整体剪切破坏

2. 局部剪切破坏

随着荷载的增加,塑性区只发展到地基内某一范围,滑动面不延伸到地面而是终止在地基内某一深度处，基础周围地面稍有隆起，地基就会发生较大变形，但房屋一般不会倒塌，如图 8-2 所示。中等密实砂土、松土和软黏土都可能发生这种破坏形式。

3. 冲切破坏

基础下软弱土发生垂直剪切破坏，使基础连续下沉。破坏时地基中无明显滑动面，基础四周地面无隆起而是下陷，基础无明显倾斜，但发生较大沉降，如图 8-3 所示。对于压缩性较大的松砂和软土地基将可能发生这种破坏形式。

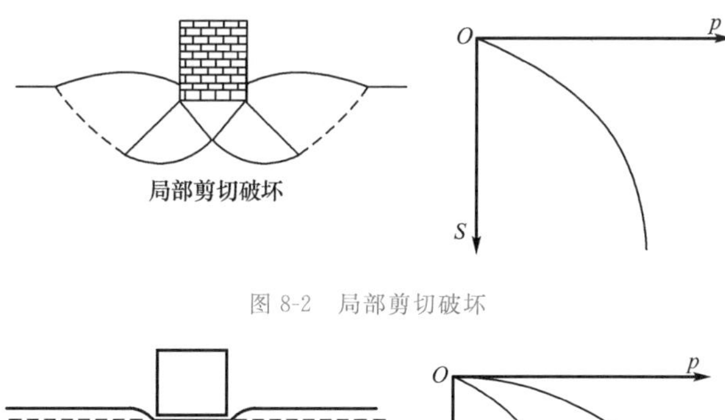

图 8-2 局部剪切破坏

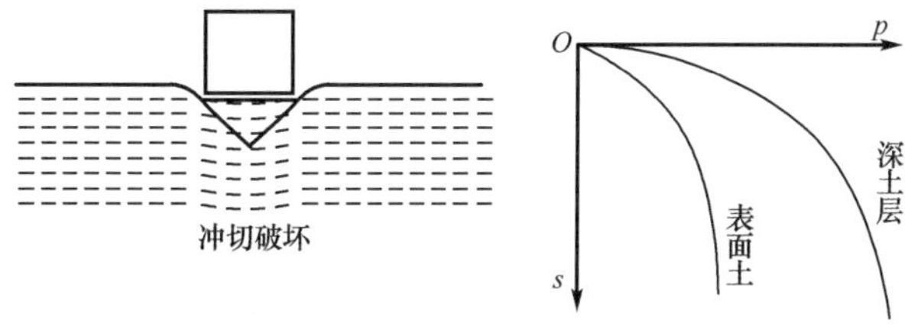

图 8-3 冲切破坏

地基的破坏模式除了与土的性状有关，还与基础埋深、加荷速率等因素有关。当基础埋深较浅，荷载缓慢施加时，趋向于发生整体剪切破坏；若基础埋深大，快速加荷，则可能形成局部剪切破坏或冲切破坏。目前地基极限承载力的计算公式均按整体剪切破坏导出，然后经过修正或乘上有关系数后用于其他破坏模式。

8.1.2 地基承载力的影响因素

地基承载力不仅取决于地基土的性质，还受到以下影响因素的制约：

(1)基础形状的影响：在用极限荷载理论公式计算地基承载力时是按条形基础考虑的，对于非条形基础应考虑形状不同对地基承载力的影响。

(2)荷载倾斜与偏心的影响：在用理论公式计算地基承载力时，均是按中心受荷考虑的。但荷载的倾斜与偏心对地基承载力是有影响的，当基础上的荷载倾斜或者倾斜和偏心两种情况同时出现时，基础可能会水平分力超过基础底面的剪切阻力。

(3)覆盖层抗剪强度的影响：基底以上覆盖层抗剪强度越大，地基承载力显然越大，因而基坑开挖的大小和施工回填质量的好坏对地基承载力有影响。

(4)地下水位的影响：地下水位上升会降低地基承载力。

(5)下卧层的影响：确定地基持力层的承载力设计值应对下卧层的影响做具体的分析和验算。

此外，还有基底倾斜和底面倾斜的影响，地基压缩性和试验底板与实际尺寸比例的影响、相邻基础的影响、加荷速率的影响和地基与上部结构共同作用的影响等。在确定地基承载力时，应根据建筑物的重要性及其结构特点，对上述影响因素做具体分析。

8.2 界限荷载及地基容许承载力

采用荷载试验确定地基承载力是最为可靠的方法，它包括浅层平板荷载试验和深层平板荷载试验。浅层平板荷载试验适用于确定浅部地基土层的承压板下应力主要影响范围内的承载力，而深层平板荷载试验可适用于确定深部地基土层及大直径桩端土层在承压板下应力主要影响范围内的承载力。地基承受荷载有三个阶段(图 8-4)：

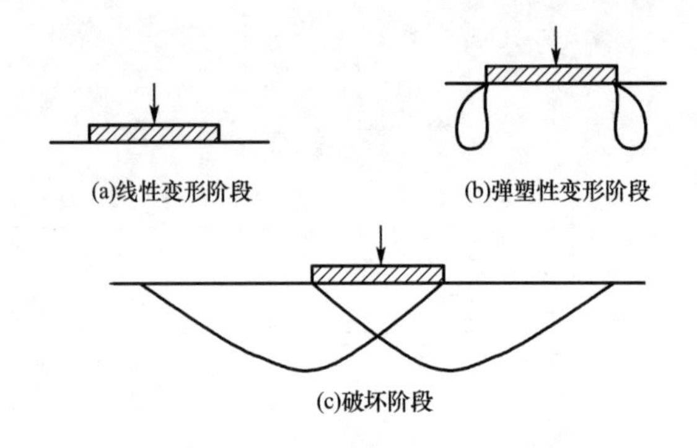

图 8-4 地基承受荷载的三个阶段

线性变形阶段：相应于 p-s 曲线的 Oa 部分(图 8-5)。由于荷载较小，地基主要产生压密变形，荷载与沉降关系接近于直线。此时土体中各点的剪应力均小于抗剪强度，地基处于弹性平衡状态。

弹塑性变形阶段：相应于 p-s 曲线的 ab 部分。当荷载增加到超过 a 点压力时，荷载与沉降之间呈曲线关系。此时土中局部范围内产生剪切破坏，即出现塑性变形区。随着荷载增加，剪切破坏区逐渐扩大。

破坏阶段：相应于 p-s 曲线的 bc 部分。在这个阶段塑性区已发展到形成一连续的滑动面，荷载略有增加或不增加，沉降均有急剧变化，地基丧失稳定。

相应于上述地基变形的三个阶段，在 p-s 曲线上有两个转折点 a 和 b，如图 8-5 所示。a 点所对应的荷载为临塑荷载，以 p_{cr} 表示，即地基从压密变形阶段转为弹塑性变形阶段的临界荷载。当基底压力等于该荷载时，基础边缘的土体开始出现剪切破坏，但塑性破坏区尚未发展。b 点所对应的荷载称为极限荷载，以 p_u 表示，是使地基发生整体剪切破坏的荷载。荷载从 p_{cr} 增加到 p_u 的过程是地基剪切破坏区逐渐发展的过程，如图 8-5 所示。

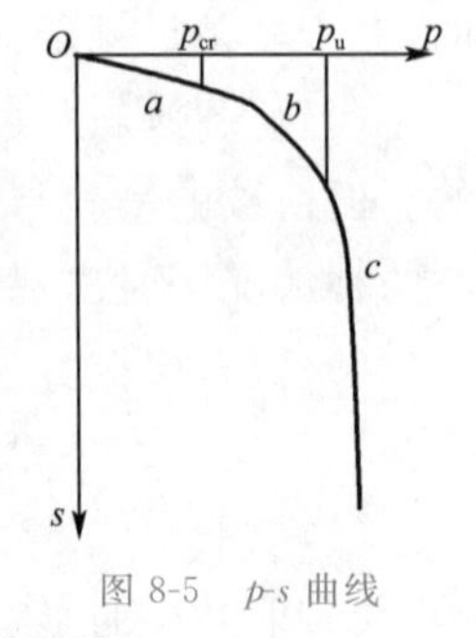

图 8-5 p-s 曲线

允许地基中有一定的塑性区，作为设计承载力。塑性区边界方程，即

$$z=\frac{p-\gamma D}{\gamma\pi}\left(\frac{\sin 2\beta}{\sin\varphi}-2\beta\right)-\frac{c}{\gamma}\cot\varphi-D \tag{8-1}$$

塑性区的最大发展深度 z_{max}，即

$$z_{max}=\frac{p-\gamma_0 d}{\gamma\pi}\left(\cot\varphi+\varphi-\frac{\pi}{2}\right)-\frac{c}{\gamma}\cot\varphi-d\frac{\gamma_0}{\gamma} \tag{8-2}$$

当荷载 p 增大时，塑性区发展，该区的最大深度也随之增大，若 $z_{max}=0$，表示地基中刚要出现但尚未出现塑性区，相应的荷载 p 即为临塑荷载 p_{cr}，临塑荷载的表达式为

$$p_{cr}=\gamma_0 dN_q+cN_c \tag{8-3}$$

经验证明，即使地基发生局部剪切破坏，地基中的塑性区有所发展，只要塑性区的范围不超出某一限度，就不致影响建筑物的安全和使用，因此，如果用 p_{cr} 作为浅基础的地基承载力无疑是偏于保守。在中心垂直荷载作用下，塑性区的最大发展深度 $z_{max}=b/4$ 或 $b/3$ 时的荷载称为临界荷载，即

$$p_u=\frac{1}{2}\gamma bN_\gamma+qN_q+cN_c \tag{8-4}$$

地基容许承载力：要求作用在基底的压应力不超过地基的极限承载力，并且有足够的安全度，而且所引起的变形不能超过建筑物的容许变形，满足以上两项要求，地基单位面积上所能承受的荷载就定义为地基的容许承载力。

地基承载力特征值可由荷载试验或其他原位测试、公式计算，并结合工程实践经验等方法综合确定。

8.3 地基极限承载力

地基极限承载力：使地基土发生剪切破坏而即将失去整体稳定性时相应的最小基础底面压力。

8.3.1 太沙基公式

1. 基本条件

由于基础底面不完全光滑，基础底面的摩擦力限制了土体变形，使基础底面的土体不能处于极限平衡状态。基底下土体形成一个刚性核(弹性核)，与基础形成整体，竖直向下移动。边界条件因此复杂，太沙基引入如下假设：

(1)考虑地基土的自重。

(2)基底可以是粗糙的。

(3)忽略基底以上部分土本身的阻力，简化为上部均布荷载。

同时假设刚性核呈三角形，两边为滑动面，与基础底面夹角为 φ，再应用极限平衡概念与隔离体的平衡条件求极限承载力的近似解。

太沙基极限承载力由土的黏聚力 c，基础两侧超载 q 和土的重量 γ 所引起。太沙基极限承载力可近似地假设为以下三种情况计算结果的总和：

(1)土是无质量，有黏聚力和内摩擦角，没有超载。

(2)土是无质量，无黏聚力，有内摩擦角，有超载。

(3)土是有质量，没有黏聚力，有内摩擦角，没有超载。

极限承载力公式为

$$p_u = \frac{\gamma B}{2} N_\gamma + c N_c + q N_q \tag{8-5}$$

其中

$$N_\gamma = \frac{\tan\varphi}{2}\left(\frac{k_{\gamma 1}}{\cos^2\varphi} - 1\right)$$

$$N_c = \frac{k_{\gamma 2}}{\cos^2\varphi} + \tan\varphi$$

$$N_q = \frac{k_{\gamma 3}}{\cos^2\varphi}$$

其中，N_γ、N_c、N_q 为太沙基公式中的承载力系数，以 φ 为变量查表。这些系数比普朗特尔-瑞斯纳承载力公式偏大，因为考虑了基底摩擦和土体自重。

太沙基假定地基中滑动面的形状如图 8-6 所示，滑动土体共分为三区：

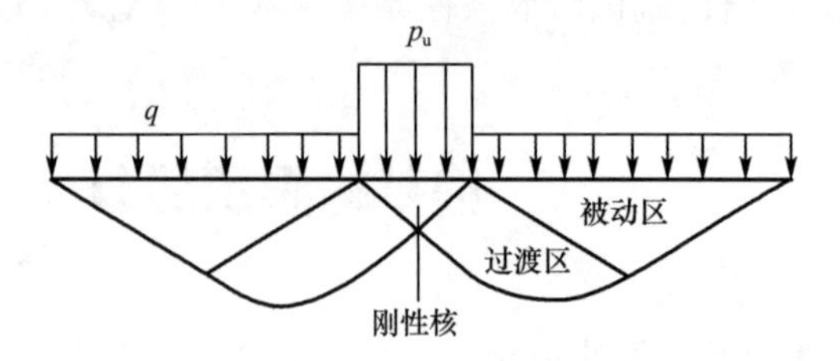

图 8-6　太沙基公式的滑动面

Ⅰ区——基础下的楔形压密区。由于土与粗糙基底的摩擦力作用，该区的土不进入剪切状态而处于压密状态，形成“弹性核”，弹性核边界与基底所呈角度为 φ。

Ⅱ区——过渡区。滑动面按对数螺旋线变化。b 点处螺旋线的切线垂直地面，c 点处螺旋线的切线与水平线呈$45° - \frac{\varphi}{2}$。

Ⅲ区——朗肯被动区。即处于被动极限平衡状态，滑动面是平面，与水平面的夹角为 $45° - \frac{\varphi}{2}$。

8.3.2　普朗特尔公式

极限承载力公式是 Prandtl 于 1921 年最先提出的，它的基本假设是把土体作为刚-塑体，在剪切破坏以前不显示任何变形，破坏以后则在恒值应力下产生塑流。按条形基础进

行计算,计算时做如下简化:

(1)略去了基底以上土的抗剪强度。

(2)略去了上覆土层与基础之间的摩擦力,及上覆土层与持力层之间的摩擦力。

(3)与基础宽度 b 相比,基础的长度是很大的。

普朗特尔(Prandtl)的基本假设:

(1)基础底面绝对光滑,竖直荷载是主应力。

(2)无重介质的假设。

(3)基础底面为地表面,作为均布荷载。

$$p_u = cN_c \tag{8-6}$$

当荷载板下的土体处于塑性平衡状态时,塑性区共分五个区,即一个Ⅰ区,两个Ⅱ区和两个Ⅲ区。由于基底是光滑的,因此在Ⅰ区的大主力是垂直向的,破坏面与水平面呈 $45°+j/2$ 角,称为主动朗肯区。在Ⅲ区大主应力是水平向的。其破坏面与水平面呈 $45°-j/2$角,称为被动朗肯区。如图 8-7 所示为地基的滑动面形状。

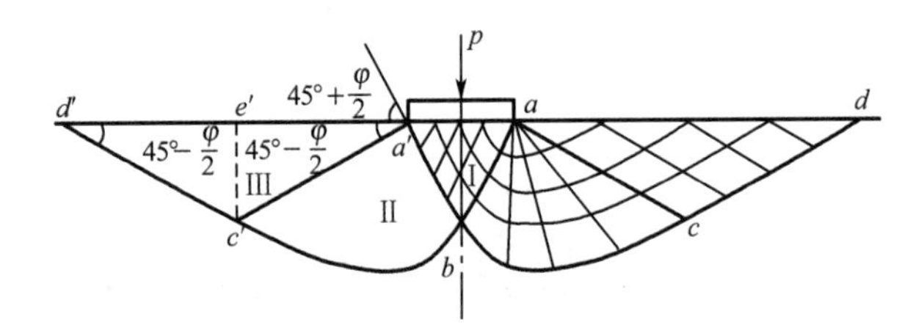

图 8-7 普朗特尔公式的滑动面

瑞斯纳(Reissner,1924)在普朗特尔理论的基础上,进一步研究了当基础有埋置深度 D 时的极限承载力理论。

普朗特尔-瑞斯纳理论基本假设:

在普朗特尔理论基本假设基础上,增加一个条件,当基础有埋置深度 D 时,将基础底面以上的两侧土重用的均布超载 $q=\gamma d$ 来代替。

地基极限承载力为

$$P_u = \gamma_0 d N_q + cN_c \tag{8-7}$$

8.3.3 其他极限承载力计算公式

1. 魏锡克(Vesic,A. S)极限承载力公式

在普朗特尔理论的基础上,考虑土的自重。

2. 梅耶霍夫(Meyerhof,G. G.)极限承载力公式

考虑基底以上土体抗剪强度时地基的极限承载力。

3. 汉森(Hansen,J. S.)极限承载力公式

汉森在极限承载力上的主要贡献就是对承载力进行数项修正,包括非条形荷载的基础形状修正、埋深范围内考虑土抗剪强度的深度修正、基底有水平荷载时的荷载倾斜修正、地面有倾角 b 的地面修正以及基底有倾角 h 时的基底修正。

8.3.4 关于极限承载力公式的讨论

1. 极限承载力由三部分组成

(1)滑动土体自身重量在基础底面产生的摩擦阻力。

(2)滑动面上的黏聚力产生的抗力。

(3)基础侧面土体形成的均布荷载产生的抗力。

2. 主要参数的影响

(1)φ 的影响

φ 影响滑动面形状的大小、滑动土体的体积、q 的分布范围。从承载力因数的公式看,φ 影响承载力的大小。

(2)基础宽度 b 的影响

对于平面问题,基础宽度 b 增加为 $2b$,滑动体体积增加为原来的 2 倍,由此增加的承载力为原来的 2 倍。b 增加,q 的分布面积线性增加,N_q 不变。b 增加,滑动面面积线性增加。

8.4 按规范法确定地基承载力

确定地基承载力的另一途径为经验方法。依据条件相近的已有建筑物的实践经验,主要参考地质条件相同的邻近场地承载力数值。此法适用于荷载不大的中、小型工程。在运用这种方法时,应注意了解拟建场地有无新填土、地下沟洞、软弱夹层等不利情况。对于持力层,可在基坑开挖后,结合验槽进行现场鉴别,根据土的类别和状态,估计地基承载力。

地基承载力基本值(f_0):是指按有关规范规定的一定的基础宽度和埋置深度条件下的地基承载能力,按有关规范查表确定。

地基承载力特征值(f_{ak}):由荷载试验测定的地基土压力变形曲线线性变形段内规定的变形所对应的压力值,其最大值为比例界限值。

修正后的地基承载力特征值(f_a):从荷载试验和其他原位测试、经验值方法确定的地基承载力特征值经深宽修正后的地基承载力值。按理论公式计算得来的地基承载力特征值不需修正。

当基础宽度大于 3 m 或埋置深度大于 0.5 m 时,从荷载试验或其他原位测试、经验值等方法确定的地基承载力特征值,尚应按式(8-8)修正,即

$$f_a = f_{ak} + \eta_b \gamma (b-3) + \eta_d \gamma_m (d-0.5) \tag{8-8}$$

式中 f_a——修正后的地基承载力特征值,kPa;

f_{ak}——地基承载力特征值，kPa；

η_b、η_d——基础宽度和埋置深度的地基承载力修正系数，按基底下土的类别查表8-1取值；

γ——基础底面以下土的重度，kN/m^3，地下水位以下取浮重度；

b——基础底面宽度，m，当基础底面宽度小于3 m时按3 m取值，大于6 m时按6 m取值；

γ_m——基础底面以下土的加权平均重度，kN/m^3，位于地下水位以下的土层取有效重度；

d——基础埋置深度，m，自室外地面标高算起。在地方平整地区，可自填土地面标高算起，但填土在上部结构施工后完成时，应从天然地面标高算起。对于地下室，当采用箱型基础或筏基础时，基础埋置深度自室外地面标高算起；当采用独立基础或条形基础时，应从室内地面标高算起。

当偏心距e小于或等于0.033倍基础底面宽度时，根据土的抗剪强度指标确定地基承载特征值可按式(8-9)计算，并应满足变形要求为

$$f_a = M_b \gamma b + M_d \gamma_m d + M_c c_k \tag{8-9}$$

式中 f_a——由土的抗剪强度指标确定的地基承载力特征值，kPa；

M_b、M_d、M_c——承载力系数，按表8-2确定；

b——基础底面宽度(m)，大于6 m时按6 m取值，对于砂土小于3 m时按3 m取值；

c_k——基础下一倍短边宽度的深度范围内的黏聚力标准值，kPa。

表8-1 承载力修正系数

土的类别		η_b	η_d
人工填土		0	0
e或I_L大于等于0.85的黏性土		0	0.15
红黏土	含水比α_w>0.8	0	1.2
	含水比$\alpha_w \leqslant 0.8$	0.15	1.4
大面积压实填土	压实系数大于0.95、黏粒含量$\rho_c \geqslant 10\%$的粉土	0	1.5
	最大干密度大于2 100 kg/m^3的级配砂石	0	2.0
粉土	黏粒含量$\rho_c \geqslant 10\%$的粉土	0.3	1.5
	黏粒含量$\rho_c < 10\%$的粉土	0.5	2.0
e及I_L均小于0.85的黏性土		0.3	1.6
粉砂、细砂(不包括很湿与饱和时的稍密状态)		3.0	3.0
中砂、粗砂、砾石和碎石土		3.0	4.4

表 8-2 承载力系数 M_b、M_d、M_c

土的内摩擦角标准值 φ_k(°)	M_b	M_d	M_c
0	0	1.00	3.14
2	0.03	1.12	3.32
4	0.06	1.25	3.51
6	0.10	1.39	3.71
8	0.14	1.55	3.93
10	0.18	1.73	4.17
12	0.23	1.94	4.42
14	0.29	2.17	4.69
16	0.36	2.43	5.00
18	0.43	2.72	5.31
20	0.51	3.06	5.66
22	0.61	3.44	6.04
24	0.80	3.87	6.45
26	1.10	4.37	6.90
28	1.40	4.93	7.40
30	1.90	5.59	7.95
32	2.60	6.35	8.55
34	3.40	7.21	9.22
36	4.20	8.25	9.97
38	5.00	9.44	10.80
40	5.80	10.84	11.73

思考题

8.1 建筑物地基为什么会发生破坏？地基发生破坏的形式有哪几种？

8.2 何为地基塑性变形区？

8.3 何为临塑荷载 p_{cr}、临界荷载 $p_{1/4}$？

8.4 如何确定地基的承载力？

习 题

8.1 下面有关 P_{cr} 与 $P_{1/4}$ 的说法中，正确的是(　　)。

A. P_{cr} 与基础宽度 b 无关，$P_{1/4}$ 与基础宽度 b 有关

B. P_{cr} 与基础宽度 b 有关，$P_{1/4}$ 与基础宽度 b 无关

C. P_{cr} 与 $P_{1/4}$ 都与基础宽度 b 有关

D. P_{cr} 与 $P_{1/4}$ 都与基础宽度 b 无关

8.2 地基临界荷载(　　)。

A. 与基础埋深无关　　B. 与基础宽度无关

C. 与地下水位无关　　D. 与地基水排水条件有关

8.3 一条形基础，宽度 $b=10$ m，埋置深度 $d=2$ m，建于均质黏土地基上，黏土的 $\gamma=16.5\ \text{kN/m}^3$，$\varphi=15$，$c=15$ kPa，试求：

(1)临塑荷载 P_{cr} 和临界荷载 $P_{1/4}$；

(2)按太沙基公式计算 P_u；

(3)若地下水位在基础底面处($\gamma'=8.7\ \text{kN/m}^3$)，$P_{cr}$ 和 $P_{1/4}$ 又各是多少？

参考文献

[1] 李广信,张丙印,于玉贞著.土力学[M].北京:清华大学出版社,2013.

[2] 东南大学,浙江大学,湖南大学等.土力学[M].北京:中国建筑工业出版社,2010.

[3] 赵明华.土力学与基础工程[M].武汉:武汉理工大学出版社,2009.

[4] 姚仰平.土力学[M].北京:高等教育出版社,2011.

[5] 任文杰.土力学及基础工程习题集[M].北京:中国建材工业出版社,2004.

[6] 杨雪强.土力学[M].北京:北京大学出版社,2015.

[7] 陈晓平.土力学与基础工程[M].北京:中国水利水电出版社,2008.

[8] 卢廷浩.土力学[M].北京:高等教育出版社,2010.

[9] 中华人民共和国国家标准.岩土工程勘察规范(GB 50021—2001)(2009 年版)[S].北京:中国建筑工业出版社,2009.

[10] 中华人民共和国国家标准.建筑地基基础设计规范(GB 50007—2011)[S].北京:中国建筑工业出版社,2011.

[11] 中华人民共和国国家标准.土工试验方法标准(GB 50123—1999)[S].北京:中国建筑工业出版社,1999.